6

昔ここは
内湖やったんよ
記憶に残る小中の湖と人々の営み

松尾さかえ・井手慎司

滋賀県立大学 環境ブックレット6
昔ここは内湖やったんよ
記憶に残る小中の湖と人々の営み

目次

1　子どもの時はなぁ、湖やったんよ ……… 4
　　舞台はかつての湖「小中の湖」
　　小中の湖は西の湖の隣にあった
　　「小中の湖」と呼ばれるようになった経緯
　　おじいちゃんとおばあちゃんから聞いた話を基に、
　　　　　　かつての様子を復元していく

2　干拓前の小中の湖はこんな湖だった ……… 9
　　小中の湖周辺の地名
　　小中の湖はヨシに囲まれていた
　　人々の記憶に残っている鳥・貝・魚
　　小中の湖の湖底の様子
　　水深は深くても2ｍ

3　小中の湖でおこなわれていた生業 ……… 22
　　ヨシ産業
　　漁業の一年

4　人々の暮らしと内湖
　　～人々による湖底の水草（藻）や
　　　泥の伝統的な活用方法と、子どもたちの遊び～ ……… 36
　　湖底の水草（藻）を採る「モラトリ」
　　代用燃料となった「スクモ」
　　湖は子どもたちの遊び場

5　小中の湖の干拓 ― 48

　干拓工事の着工・竣工の年は不確定
　人々の記憶に残る干拓の様子
　琵琶湖周辺の内湖が400haにまで減少

6　いま、内湖の存在そのものが再評価されている ― 56

　内湖の機能
　小中の湖が果たしていた機能
　小中の湖の様子は他の内湖とも共通している

1

子どもの時はなぁ、湖やったんよ

舞台はかつての湖「小中の湖」

「わしらが子どものときはな、学校から帰ってきたら田舟で湖に出てな」
「子どもたちだけで？」
「ほうよ、ほうよ。悪さしてな。田舟をひっくり返して、舟底の上にみんなで乗って、そこから湖に飛び込んだもんや」
「他にはどんな遊びがありましたか？」
「弁天島には大きな竿があったんや。島まで泳いで行っては、竿から飛び込んでたんや。竿では1年生から6年生までの子どもたちが遊んでた。高学年の人は平気で飛び込むんやけど、低学年の者は怖くてたまらんかった。竿の上で、どうしようかとぐずぐずしていると、後ろからは早よ行けと押してくるんや。すると、もう仕方ないから落ちる。飛ぶんやなしに、落とされる。竿から飛び込めな、男じゃないって言われたんや」

　楽しそうに思い出を話してくださるのは、80歳のおじいちゃん。そして、質問者は私、松尾です。これは2005年（平成17）の2月に実施した、聴き取り調査の内容の一部。どこの話をしているのか、ですって？　思い出話の舞台となっているのは、かつて湖だった「小中の湖」です。

写真1　田舟を漕ぐ子どもたち
（下豊浦在住　西孫兵衛氏、西義弘氏より提供、大阪からの観光客により撮影：昭和12年頃）

写真2　船上から見た弁天島
（下豊浦在住　奥田修三氏より提供、安居槌治郎氏による撮影：昭和8年頃）

　小中の湖は琵琶湖から独立した「内湖」と呼ばれる湖の一つでした。しかし、第二次世界大戦による食糧事情の悪化にともない干拓されてしまい、現在は存在しません。上記の質問は、干拓前の小中の湖での子どもたちの遊びについて尋ねたものです（写真1、2参照）。上記以外にもいろいろな遊びを聞くことができたのですが、その内容については、また後ほどご紹介します。

小中の湖は西の湖の隣にあった

　干拓された小中の湖がどこにあったか説明しましょう。
　小中の湖は、琵琶湖東岸のほぼ中央くらいに位置していました。広さ（表面積）は342.1ha*1、西にあった「西の湖」と北の「大中の湖」とともに、かつては琵琶湖周辺で最大の内湖群を形成していました。また、同内湖は「伊庭」「能登川」「北須田」「南須田」「下豊浦」という五つの集落に囲まれていました。
　小中の湖のほぼ中央には南から突起した安土山があり、周辺に暮らしていた人々はこの安土山を境に同内湖を二つに分けて呼んでい

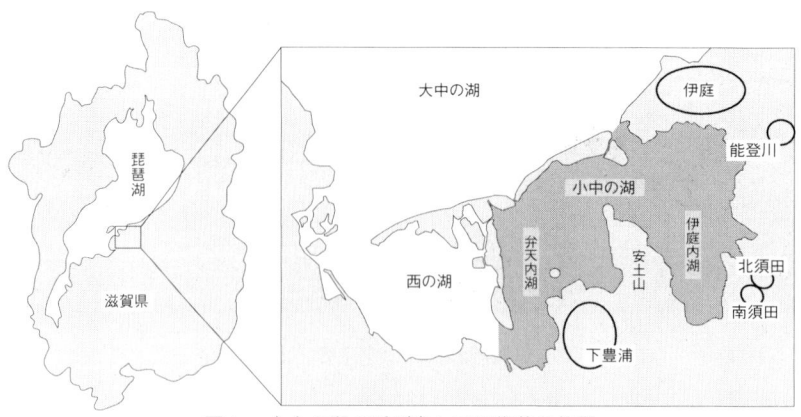

図1　小中の湖の呼び名と周辺集落の位置

ました。安土山の西は、福島弁才天が祀ってある弁天島があったことから「弁天内湖」または「弁天湖(うみ)」と。それに対して、安土山の東は集落によって異なる呼ばれ方をしていました。例えば、下豊浦と能登川、北須田、南須田の人々は伊庭の集落の内湖であるとの意味から「伊庭内湖」または「伊庭湖(うみ)」と。一方、伊庭の人々は大中の湖のほうを「伊庭内湖」と呼んでいたことから、「能登川内湖」、あるいは伊庭の集落からみて北にあった大中の湖に対比した呼び方として「ミナミノ(南の)」と呼んでいました。小中の湖の呼び名と周辺集落の位置を図1に示します。なお、これ以降この本に登場する小中の湖周辺地形図は、大日本帝国陸地測量部の縮尺2万5000分の1の地形図(昭和15年)を私がトレースして作成したものです。

「小中の湖」と呼ばれるようになった経緯

　このように、さまざまな呼ばれ方をしていた小中の湖ですが、「小中の湖」と呼ばれるようになったのは一体いつの頃からでしょうか。

　実は、文献によって小中の湖の呼び方はさまざまなのです。例え

ば、1964年(昭和39)発行の『滋賀県市町村沿革史　第参巻』*2には「安土町の北方に横たわる湾状の中之湖は、大中之湖とその南に接する小中之湖に分かれているが(後略)」という記述があり、ここでいう小中之湖(しょうなかのこ)とは「小中の湖」のことを指していると考えられます。さらにこの文献では大中の湖と小中の湖とを合わせた範囲を「中之湖(なかのうみ)」と呼んでいます。一方、『開拓のあゆみ』(1973年発行)*3では、「小中の湖」のことを「中之湖」と記述しています。また、『びわ湖周遊』(1980年発行)*4では、安土山よりも西側を「安土内湖」、東側を「伊庭内湖」という名称で表記していて、さらにこれら内湖と西の湖を合わせた範囲を「小中の湖」としています。

　小中の湖が干拓された当時の1946年(昭和21)の新聞記事*5によると、同内湖と大中の湖、現在の西の湖を含んだ範囲は「中之湖」と呼ばれていました。また同内湖については「弁天内湖」または「弁天湖」、「伊庭内湖」または「伊庭湖」という名称で新聞記事に登場します*5。現在一般的に使われている「小中の湖」という名称は1946年までの新聞記事には登場していません。

　このように、文献や新聞記事を調べても、いつから「小中の湖」と呼ばれるようになったのかよく分かりません。おそらく、大中の湖が干拓された時期(1964年)に、中之湖のその部分を「大中の湖」と呼び、また、すでに干拓されていた中之湖の一部を大中の湖と呼び分けるために「小中の湖」と呼ぶようになったのではないか、と私は推察しています。

　小中の湖に関してはさまざまな呼称が存在しますが、本ブックレットでは安土山の西側を「弁天内湖」、東側を「伊庭内湖」と表記することにします。なお、同地域に伊庭内湖という名前で現存している内湖がありますが、この本でいう伊庭内湖とは異なるので注

意をしてください。

おじいちゃんとおばあちゃんから聞いた話を基に、かつての様子を復元していく

　干拓される前の小中の湖とは、どのような湖だったのでしょうか。どのような鳥や魚が棲み、また、周辺で暮らしていた人々は小中の湖とどのように関わっていたのでしょうか。私は、2005年（平成17）から2007年にわたって、干拓前の小中の湖の様子を知っている伊庭と能登川、北須田、南須田、下豊浦の古老に対して聴き取り調査をおこないました。その結果を基に、かつての小中の湖の姿をこれから復元していこうと思います。

*1　琵琶湖干拓史編さん委員会編（1970）琵琶湖干拓史，p.48，琵琶湖干拓史編纂事務局．
*2　滋賀県市町村沿革史編さん委員会（1964）滋賀県市町村沿革史　第参巻，p.166，滋賀県市町村沿革史編さん委員会．
*3　滋賀県農林部土地改良局耕地指導課（1973）開拓のあゆみ，p.502．
*4　藤岡謙二郎（1980）びわ湖周遊，p.189-198，ナカニシヤ出版．
*5　滋賀新聞，1946-09-09．

2

干拓前の小中の湖はこんな湖だった

小中の湖周辺の地名

　干拓前の小中の湖の姿を復元するにあたって、集落名とは別にいくつかの大切な地名があります。ここでは復元作業に入る前に、同内湖周辺のいくつかの地名を紹介します。

　弁天内湖には、その呼び名のいわれでもある弁天島がありました。弁天島には福島弁財天が祀られており、毎年８月１日の弁天さんの命日には「千日会（せんにちえ）」と呼ばれる祭りが下豊浦集落でおこなわれていました。

　また、弁天内湖と伊庭内湖がそれぞれ異なる集落に属していたためでしょうか、安土山の地先には両内湖の境界を示す簀（す）が張られていて、この場所のことを下豊浦の人々は「フナゴシ」と呼んでいました。簀は張られていたものの、その上部は切られており、田舟が簀を越して通れるようになっていたためそう呼ばれていたそうです。下豊浦の人々が田舟を使用して安土山の東側にある田んぼへ行くときは、ここを通って伊庭内湖に入ったといいます。

　図２に小中の湖周辺の主な地名を示します。なお、図に示した地名は地図に載っているような一般的な呼称の他に、地元の人がそう呼んでいた独自の呼称も含んでいるので注意してください。

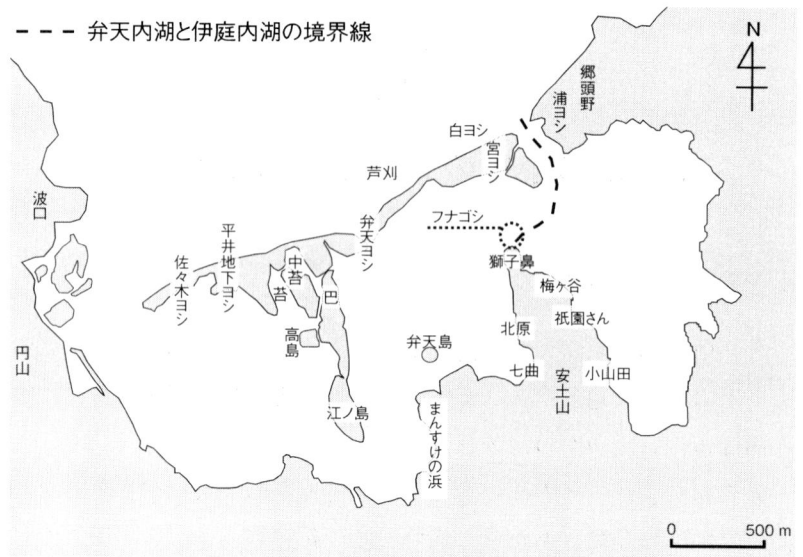

図2　小中の湖周辺の地名

小中の湖はヨシに囲まれていた

「湖岸はずっとみんなヨシ地や。植えたんじゃなくて自然に生えてたんや」

「今は伊庭内湖全体が田んぼになってるけど、昔内湖やった頃、湖の中に田んぼがあった」

「『ジゲヨシ』って言うんや」

「『ジゲヨシ』はヨシ地ですか？」

「いや違う。周囲がヨシ地で真ん中は田んぼやった。私らは処女会の動員で稲刈りに行ってね。舟で向かったんよ。ほんで、舟で迎えに来てくれはるまで帰れへんのです」

「湖の中にあった田んぼは一つだけですか？」

2 干拓前の小中の湖はこんな湖だった——11

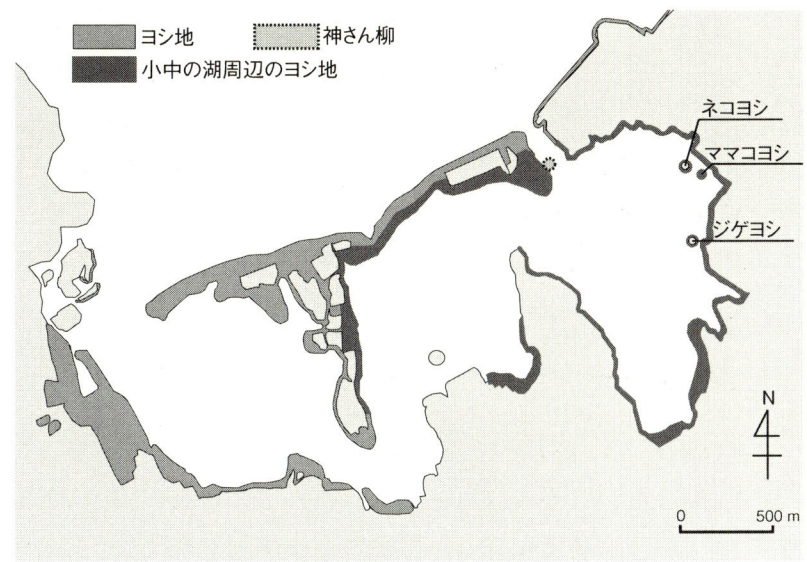

図3　小中の湖周辺のヨシ地と神さん柳

「もう一つ『ネコヨシ』っていうのもあったな」
「その他にも『ママコヨシ』といって小さいヨシ地があったわ」

　小中の湖周辺でヨシの生えていた範囲を図3に示します。図に示すように、小中の湖の周囲には、同内湖と西の湖を取り囲むようにヨシが群生していました。小中の湖の周辺に広がっていたヨシ帯の面積(特に干拓によって失われたであろう面積)は58ha(580,000㎡)くらいだったと私は推定しています。

　小中の湖の周辺地域では、ヨシが生えている場所を「ヨシ地」または「ヨシ原」、島になっている所を「ヨシ島」と呼んでいました。上記の聴き取り調査にも出てきたように、伊庭内湖の中には「ネコヨシ」「ママコヨシ」「ジゲヨシ」と呼ばれる三つのヨシ島がありま

した(図3参照)。ただし、これら三つの島のうち「ネコヨシ」と「ジゲヨシ」は周囲をヨシで囲まれた5反ほどの田んぼで、「ママコヨシ」だけが本当のヨシ島だったと聴き取り対象者たちはいいます。ヨシ島にある田んぼの周辺には、いたるところに木陰を作るためのヤナギの木が植えられていました。数多くあったヤナギの木の中に1本だけ「神さん柳」という名前で呼ばれていたものがあったのだそうです。ただし、なぜそう呼ばれていたのかは分かりません。

人々の記憶に残っている鳥・貝・魚

　内湖は現在でも水鳥の生息地や稚魚の大切な成育場になっています。そのことから、小中の湖とその周辺でも多くの鳥や貝、魚を見ることができたと考えられます。では、どのような動物を見ることができたのでしょうか。ところが、かつての小中の湖に対する生物調査はおこなわれていないため、生息していた動物の記録が残っていません。そこで、私は小中の湖で見ることのできた動物を特定するために弁天内湖の周辺集落である下豊浦と、伊庭内湖の周辺集落である伊庭と能登川、須田 (3集落合同) において集団での聴き取り調査を実施しました。実施方法としては『琵琶湖干拓史』*6を参考に作成した動物表とインターネットから収集したそれらの動物の画像、一部貝類のサンプルなどを持参し、それらを対象者に見せながら、見たことがあるかないかの確認をとる方法でおこないました。ただし、動物表については琵琶湖干拓史に載っている魚貝類に内湖の生物と適合しない生物種がみられたため、現在の知見に基づいて一部改変したものを使用しました。

　聴き取り調査の結果から、小中の湖やその周辺に当時いたと推察された鳥類と貝類、魚類をそれぞれ**表1、2、3**に示します。ただ

し、聴き取り対象者が挙げた動物が間違いなく生息していたことを確認できる手段はありません。特に、下豊浦でおこなった聴き取りでは対象者の中に二人の漁師がいたのに対して、伊庭と能登川、須田の３集落合同の聴き取りでは対象者の中に漁師がいなかったため、後者の聴き取り結果の信憑性には疑問が残りました。そこで、貝類に関しては残存する22の内湖および10の人造内湖を対象に滋賀県が2000年（平成12）に実施した生物調査の結果[*7]を、魚類に関しては1927年（昭和２）から2004年までの16の内湖の魚類標本記録[*8]を、鳥類に関しては2001年から2004年の間に早崎内湖ビオトープ（湛水実験をおこなっている早崎内湖干拓地の一部）で観察された種[*9]を参考にし、これらの調査と本聴き取り調査でともに確認することができた種のみを小中の湖やその周辺にいたと推察される種として表に掲げました。なお、同表では、聴き取り対象者が種の違いまでをきちんと認識していたものに関しては、呼び名に対して対応する種１種の名称を、一方、種の違いまでは認識していなかった種については、呼び名に対してそう呼ばれていた可能性のある複数種の名称を「／」で区切って全て挙げています。また、下豊浦での集団聴き取り調査の結果と伊庭と能登川、須田の３集落合同での聴き取り調査の結果を合わせて掲載しており、種の認識について両調査の間でくい違いがあった場合については、より安全側に立ち、種の違いまでは認識していなかったものとしました。

　鳥類に関しては、**表１**に示すように、ヨシ地やその周辺に産卵や子育てのためにやってきたキジと「ヨシキリスズメ」や「ケケス」と地元の人が呼んでいたオオヨシキリ、そしてカイツブリを見ることができました。カイツブリには「カイツブリ　カイツブリ　お前

の家が焼けたるぞ　早よいんで水かけよ」という遊び歌があり、子どもたちがこの歌を歌うと、カイツブリはドボンと水中に潜ったそうです。また、集落内の水路では「バン」と地元の人が呼んでいたバンまたはオオバンを、伊庭内湖のコイの養殖場では「ウ」と呼んでいたカワウをよく見かけることができました。他にも、冬のヨシ原では「ホオシロ」と呼んでいたホオジロをよく見かけたと対象者は記憶しています。「ハジロ」と呼んでいたホシハジロまたはキンクロハジロは、琵琶湖の波がきつい西風の時に内湖に入ってきていたそうです。

　ただし、表に示した種以外にも、画像を見てもらったところ、「カイツ」と呼んでいたアカエリカイツブリや「フクロウ」と呼んでいたフクロウ、「メジロ」と呼んでいたメジロ、「サギ」と呼んでいたササゴイを見たことがあるとの証言もあり、これらの種についても

表1　小中の湖とその周辺にいたと推察される鳥類

呼称	種名	呼称	種名
カイツ、カイツブリ	カイツブリ	バン	バン／オオバン
ウ、カワウ	カワウ	ハト	キジバト
サギ	アマサギ	カワセミ	カワセミ
	チュウサギ	ヒバリ	ヒバリ
	コサギ	ツバメ	ツバメ
	アオサギ	セキレイ	キセキレイ
ゴイサギ、サギ	ゴイサギ		セグロセキレイ
カモ	オシドリ／ヒドリガモ／マガモ／カルガモ／スズガモ／ミコアイサ／オカヨシガモ／オナガガモ	ヒヨ、ヒヨドリ	ヒヨドリ
	ハシビロガモ	モズ	モズ
	コガモ	ツグミ	ツグミ
アオクビ	マガモ（雄）	ウグイス	ウグイス
ハジロ、カモ	ホシハジロ／キンクロハジロ	ヨシキリスズメ、ケケス	オオヨシキリ
トンビ	トビ	ホオシロ、ホオジロ	ホオジロ
ノスリ	ノスリ	スズメ	スズメ
タカ	オオタカ	ムク、ムクドリ	ムクドリ／コムクドリ
キジ	キジ	カラス	ミヤマガラス／ハシボソガラス／ハシブトガラス

小中の湖周辺にいた可能性があります。

　貝類に関しては、周辺集落の人々は種類の違いをあまり認識していなかったようです（表2参照）。例えば、薄くて平たい貝を「イシガイ」と総称していました。また、「ニラ」または「ジナ」とは、カワニナ類の総称で、尖っている小さな貝を全てそう呼んでいました。他にも、メンカラスガイやドブガイなどの貝類を「カラスガイ」や「ドブガイ」「ダバガイ」「ドロガイ」などのように呼んでおり、種類の区別をしていなかったことが分かりました。下豊浦で漁師だった対象者もドブガイとカラスガイを明確に区別しておらず、泥地で獲れる黒い貝を「ドブガイ」や「ダバガイ」と呼び、黄色がかった貝は「カラスガイ」と呼んでいたようです。

　イケチョウガイに関しては、1955年（昭和30）ごろに安土の漁業組合が西の湖で真珠養殖をおこなうようになってから認識するようになったと対象者はいいます。それ以前は「オトコガイ」と呼んでいましたが、存在を知らなかった住民も多かったようです。

　土質が違うためか、小中の湖で獲れる貝と大中の湖や西の湖で獲れる貝では貝殻の色から身の色まで全て違っていました。小中の湖

表2　小中の湖にいたと推察される貝類

呼称	種名	呼称	種名
タニシ	オオタニシ／ヒメタニシ	ササノハガイ	ササノハガイ
ニラ、ニナ、ジナ	カワニナ科	オトコガイ（イケチョウガイ）	イケチョウガイ
―	モノアラガイ科	カラスガイ、ドブガイ、ダバガイ、ドロガイ、	メンカラスガイ／ドブガイ
イシガイ、カラスガイ	タテボシガイ	カラスガイ、ドブガイ、ダバガイ、アオガイ、オンナガイ	ドブガイ
イシガイ	タテボシガイ／ササノハガイ／イケチョウガイ／メンカラスガイ／ドブガイ	シジミ	Cobicula sp.／ドブシジミ

は泥地で貝類は多くなく、大中の湖の貝は、貝殻が薄く、青みがかっていて身が小さかったそうです。それに対して、西の湖には、真っ黒で身が大きく、おいしい貝がたくさんいました。そのため、貝獲りには西の湖へ行くことが多かったといいます。

「タニシ」は同内湖にもいましたが西の湖の方が多くいました。少なかったのはササノハガイでした。「シジミ」は伊庭内湖の「ドウダチ」と呼ばれた浅瀬の砂地の所（P.20図5参照）でよく獲っていたのだそうです。

　しかし、表に示した種以外にも、琵琶湖水系の他の記録や対象者の認識の程度から、「イシガイ、カラスガイ」と呼んでいた中にオバエボシガイとマツカサガイ、オトコタテボシガイが、「カラスガイ、ドブガイ、ダバガイ、ドロガイ」と呼んでいた中にマルドブガイが、「イシガイ」と呼んでいた中にオバエボシガイやマツカサガイ、オトコタテボシガイ、イシガイ等が含まれていた可能性があります。なお、マルドブガイは「ウシノメダマ」と呼んでいた人もいたようです。

　魚類に関しては、石垣で「ドチマン」や「イシビショウ」と呼んでいたハゼ目のドンコやヨシノボリ類を見ることができました。タナゴ科の魚類に関しては、対象者が種の違いを認識していなかったため、表で示した複数種が考えられます。地元の人々はこれら全てを「ボテ」や「ボテジャコ」と呼び、その中でも特に、婚姻色の出た雄だけを「カミナリボテ」や「イロボテ」と呼び分けていたそうです。また、フナに関してはさまざまな呼称があり、小さいフナを全て「ガンゾウ」、中くらいのフナを「マブナ」と、そして、大きなフナは、ギンブナを「ヒワラ」、ニゴロブナを「イオブナ」、ゲン

ゴロウブナを「ゲンゴロウ」と呼んでいました。これらのことから、地元の人々は明確な定義を持ってフナを呼び分けていたのではなくて、大きさで分け、また、成魚に近づき区別しやすくなったものを呼び分けていたと考えることができます。表には示していませんが、イサザや「ヒガイ」と呼んでいたヒガイモロコを見たとの証言もあり、それらの種も小中の湖やその周辺水路にいた可能性があると考えられます。その他にも、春から夏にかけて地元の人々が「ウロリ」と呼んでいた魚があがってきたといいます。ところが、対象者たちはこのウロリが何の魚なのか分からないといいます。そこで調べて

表3　小中の湖やその周辺水路にいたと推察される魚類

呼称	種名	呼称	種名
ヤツメウナギ、ヨツメウナギ	スナヤツメ	ヒワラ	ギンブナの大きいもの
モロコ	ホンモロコ／タモロコ	イオブナ	ニゴロブナ
スゴ、スゴモロコ	スゴモロコ／デメモロコ	ゲンゴロウ	ゲンゴロウブナの大きいもの
ヒガイ、ビワヒガイ	ビワヒガイ	コイ	コイ
ニゴイ	ニゴイ	ボテ、ボテジャコ ※色のついた（婚姻色）ボテを「カミナリボテ」「イロボテ」と呼んでいた	ヤリタナゴ／アブラボテ／イチモンジタナゴ／シロヒレタビラ／カネヒラ／タイリクバラタナゴ／ニッポンバラタナゴ
カマツカ	カマツカ	ドンジョ	ドジョウ
ゼゼラ	ゼゼラ	シマドンジョ、シマドジョ	シマドジョウ／スジシマドジョウ類
モツ、シマモロコ、イシモロコ	モツゴ	ウミドジョウ	アユモドキ
ウグイ	ウグイ	ナマズ	ナマズ
アブラ、アブラコ	アブラハヤ	ギギ	ギギ
ムツ	カワムツ	メダカ	メダカ
	ヌマムツ	タイワンドジョウ、ギャング	カムルチー
ハイジャコ、ハイ 雄…オイカワ 雌…ハイ	オイカワ	イシビショウ	ヨシノボリ／カワヨシノボリ／ビワヨシノボリ
ハス	ハス	ボラ	ウキゴリ
ワタカ ※小さいワタカを「ヤナギモロコ」と呼んでいた	ワタカ	ドチマン ※チチンコと呼んでいた人もいた	ドンコ
小さいフナを「ガンゾウ」、中くらいから大きいフナを「マブナ」	ギンブナ	ウナギ	ウナギ
	ニゴロブナ		
	ゲンゴロウブナ		

みたところ、『原色淡水魚類検索図鑑』*10には、ヨシノボリ類の後期仔魚または稚魚だと紹介されていました。しかし、ハゼ科の幼魚を総称している可能性も高いようです*11。

小中の湖の湖底の様子

小中の湖の湖底は、集落に近い石垣や湖岸付近だけが砂地または砂利で、それ以外はほとんどが泥地でした。また「スクモ」と呼ばれる泥炭が堆積している所が弁天内湖と伊庭内湖にそれぞれ数ヶ所ありました。さらに弁天内湖には数ヶ所、伊庭内湖では全域にわたって下豊浦の集落で「モラ」、伊庭と能登川、須田の集落では単に「モ」と呼ばれた水草（藻）が採れる所が存在しました。他にも、メタンガスが発生している場所が「白ヨシ」と「浦ヨシ」と呼ばれていた所の近くにありました。スクモとメタンガスは燃料として、モラは田畑の肥料として人々に利用されていました。このうち「スクモ」と「モラ」を採取する「スクモトリ」と「モラトリ」については後で詳しく紹介します。

また、伊庭内湖の湖の中には、北須田と南須田の境界となる所に、1882年（明治15）までの神崎郡と蒲生郡との境界*12を示していたものだと考えられる岩が連なって置かれていました。これらの岩は、同内湖が干拓後の水田となった時に田仕事がやりにくいくらいの大きさだった、と対象者は記憶しています。

一方、安土山の地先には「千石岩」と呼ばれていた岩がありました。当時はヨシ原の中に見え隠れするような状態で、舟で近くを通るとやっと見えるくらいの岩でした。下豊浦の人々は、この岩の見え方を目安にその年が豊作か不作かを占ったといいます。岩が隠れてしまうほど内湖の水位が高いとその年は水害。岩が見えすぎるく

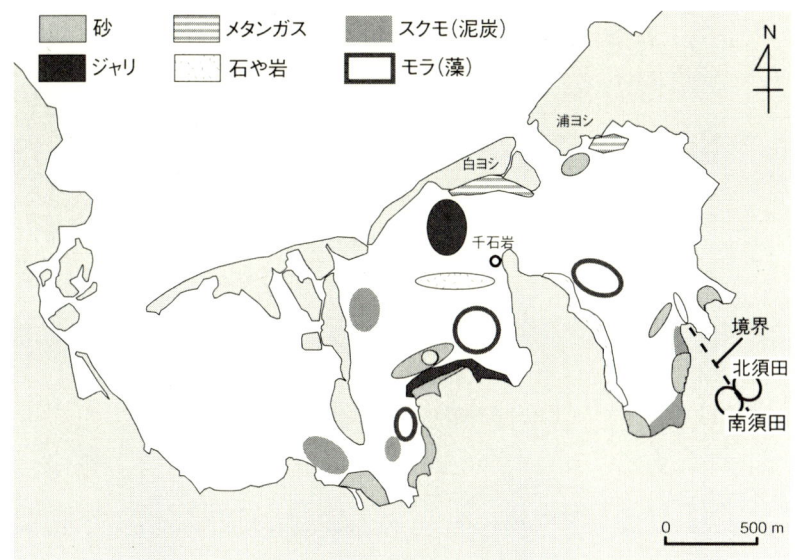

図4　小中の湖の湖底環境

らい水位が低い時は干魃。ちょうど岩の頭が見えるか見えないかくらいの水位が最も良く、その年は豊作というように。このように、その岩を見て「今年は千石とれる」といったことから「千石岩」と名付けられたそうです。

図4にこれら小中の湖の湖底環境を示します。図におけるモラ（藻）の場所とは、主にモラトリ（水草採り）がおこなわれていた場所を指しています。

水深は深くても2m

小中の湖の水深は、最深部でも2.5mしかありませんでした[*13]。全体的に浅く、深い場所でも2m、浅い場所では60〜70cmくらいだったと聴き取り調査の対象者も記憶しています。しかし、弁天内

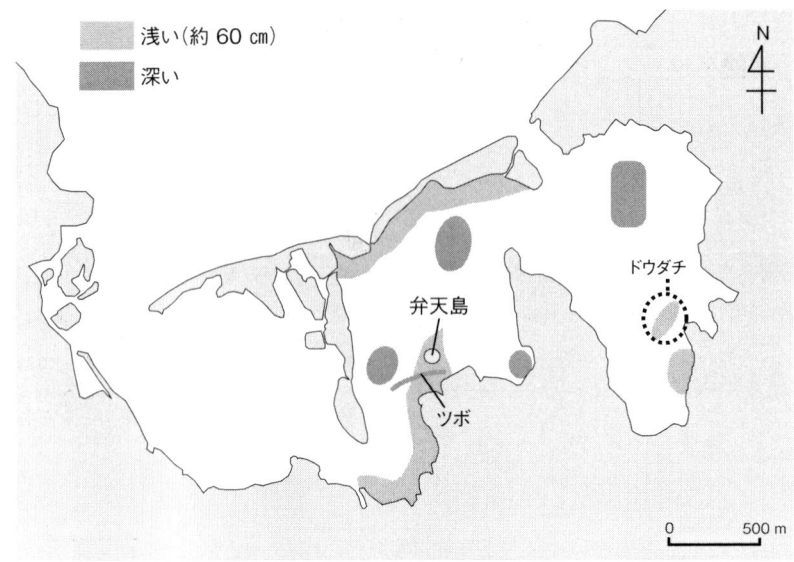

図5　小中の湖の水深

　湖の「弁天島」に向う途中には急に深くなっている所があり、地元の人はその場所を「ツボ」と呼んでいました。子どもたちは、弁天島まで泳いで行く時に「ツボがあるから気をつけよ」と注意されたといいます。一方の伊庭内湖には、極端に深くなっている場所はありませんでしたが、岸から10mも離れた沖合になると大人でも背が立たないくらいの深さ(約2m)でした。しかし中には「ドウダチ」と呼ばれ、胴までの深さで砂地の所が岸から少し離れた所にあり、子どもたちはよく舟に乗せてもらってそこまで行き、シジミ獲りをしていました。人々が記憶している、特に浅かった所と深かった所を図5に示します。

*6 　琵琶湖干拓史編さん委員会編（1970）琵琶湖干拓史, pp.30-45, p.47, 琵琶湖干拓史編纂事務局.
*7 　西野麻知子, 浜端悦治（2005）内湖からのメッセージ　琵琶湖周辺の湿地再生と生物多様性保全, p.160, サンライズ出版.
*8 　藤田朝彦（2006）研究機関所蔵の魚類標本調査, 平成17年度滋賀県琵琶湖・環境科学研究センター委託研究報告書, p.8.
*9 　西野麻知子, 浜端悦治（2005）内湖からのメッセージ　琵琶湖周辺の湿地再生と生物多様性保全, p.229, サンライズ出版.
*10　(1963) 原色淡水魚類検索図鑑, p.239, 北隆館.
*11　滋賀県立琵琶湖博物館：Q&A集〈http://www.lbm.go.jp/park/qanda/C2-2g.html〉2006-03-15
*12　「角川日本地名大辞典」編纂委員会編(1978)角川日本地名大辞典25巻「滋賀県」, p.666, 角川書店.
*13　(1984) 滋賀県百科事典, p.395, 大和書房.

3

小中の湖でおこなわれていた生業

ヨシ産業

　小中の湖周辺には広範囲にヨシが生えており（P.11図３参照）、周辺の集落にはヨシを生業とする人々がいました。下豊浦で当時ヨシ業を営んでいた聴き取り対象者によると、下豊浦には３軒、伊庭には１軒、能登川には２軒ほどのヨシ業者がいたといいます。しかし、伊庭と能登川での聴き取りでは、それぞれの集落にヨシ業者がいたかどうかは確認できていません。いずれにせよ、大中の湖や西の湖の周辺を加えると、これらの地域全体で50～60軒のヨシ業者があったのだそうです。

　小中の湖周辺集落で営まれていたヨシ産業の様子について、これから、下豊浦でヨシ業者だった聴き取り対象者から聴いた話を基に復元していきます。

「下豊浦の３軒のヨシ業者さんは、この小中の湖と大中の湖との間にある中州一帯を刈り取ってはったんですか？」
「この中州一帯は個人の所有地が多くて、15軒から20軒くらいの個人の所有地やった。そして、中州の中で特に大きかったのが、平井という区が持ってた『平井の地下ヨシ』と、佐々木土地株式会社という会社が持ってた『佐々木ヨシ』、そして、お宮さんが持ってた『宮ヨシ』やった。宮ヨシと佐々木ヨシが10町（約10ha）ほど、平井

の地下ヨシが6町（約6ha）ほど。佐々木でも平井でも、大きなヨシ地を持ってたけど、ヨシを職業としている人がいたわけじゃなかった。ヨシ地の地主なだけ」

「ただヨシ地を持っていただけなんですか？」

「そう、持ってはるだけ。ただし地主は1年に1回、ヨシを刈り取る権利を売ってはった。『立耗作（りつもうさく）』といって、ヨシ業者が入札で刈り取る権利を買って、今年1年はうちがここを刈る、というふうにしてたんや。入札には円山（まるやま）の方からも来てはった。能登川の方にもヨシ業者がいて、その人らも入札に来てはったな。佐々木ヨシのような大きいヨシ地の権利を落札してたのは円山の人の方が多かった。ここらではそんなふうにして150年ほど前からやってきたんやわ」

「ヨシ業者には3種類ある。一つは、自分とこのヨシ地を持ってて、さらに立耗作もしている業者。一つは、ヨシ地は持たず、立耗作だけでやっている業者。そして、ヨシ刈りはせずに、刈り取ったヨシを買い上げて加工だけをおこなう業者。伊庭と能登川の業者は立耗作だけでやってはったが、下豊浦の業者は自分の所のヨシ地と立耗作とでやってはった」

「立耗作の契約は1年ですか？」

「1年契約もあれば、5年契約もあるし、10年契約もあった。地主と買わはる人との話し合いによる。10年買うてはる人も1年ずつお金を納めてはる人や、10年分まとめて納めてはる人やいろいろやった。契約期間の地上物件は全て購入した人の持ち物やった」

「下豊浦の3軒のヨシ業者さんは、中州の真ん中あたりの特に個人の地主さんから権利を買うことが多かったんですか？」

「そう」

このようにヨシ業者はヨシ地を必ず持っていたわけではなく、大きくわけて３種類のヨシ業者がありました。一つはヨシ地を持っており、さらに立耗作もしてヨシを刈り取る業者。もう一つは、ヨシ地は持っておらず立耗作だけで刈り取る業者。そして最後は、刈り取ったヨシを買い上げて加工だけをおこなう業者でした。ここで「立耗作」とは、ヨシ業者がヨシ地を所有している人からヨシ刈りをする権利を入札で買い取り、その範囲のヨシを刈り取ることをいいました。立耗作の契約内容は地主と買い手との話し合いによります。そのため、１年契約もありましたが、５年や10年の契約もありました。下豊浦の３軒のヨシ業者は自分の所のヨシ地と立耗作で、伊庭と能登川の３軒のヨシ業者は立耗作をしてヨシを刈り取っていたそうです。

　立耗作のため、１軒の業者が刈り取るヨシの量は年によって異なっていました。それでも、だいたい１反で約80束（1束は直径２尺５寸〈約75cm〉）のヨシを刈り取ることができ、小中の湖と西の湖、大中の湖にまたがる中洲部分では約２万2000束のヨシが採れたといいます（**図６**に小中の湖周辺のヨシの刈り取り量を示します）。また、１軒の業者からの出荷量も年によってまちまちでした。毎年入札をする業者は刈り取ったヨシをその年のうちに全て売らないと、翌年のヨシの置き場がありません。しかし、２〜３年毎に入札をする業者は、刈り取った年のヨシを何年かに分けて売っていました。ただし、用途によっても刈り取りから出荷までの期間は違っていました。屋根材料や日よけ用の簾は「粗簾（あらず）」といい、太いヨシを使いますが、粗簾は刈り取った年のうちに出荷していました。それに対して、簾戸（すと）用には、ヨシ群落の真ん中に生えており、風で曲がっていない品質の良いヨシを使います。そのような簾戸用のヨシは２年ほど寝かし

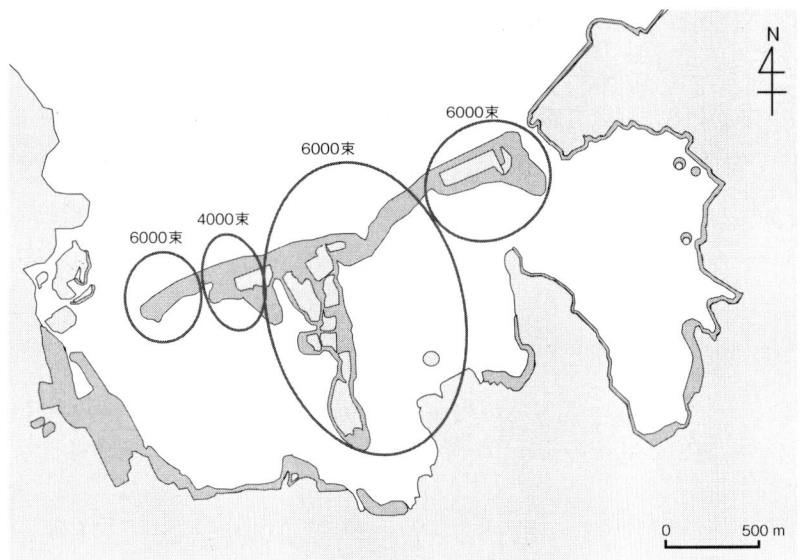

図6　小中の湖周辺のヨシの刈り取り量

てから出荷していました。そのように倉庫に積んだ状態で置いておくことを「寝さす」といいます。ヨシの赤みは1年から2年ほど置かないとはっきりと出ませんが、そうやって寝かして出た赤みは30〜40年ほど続きます。特に安土のヨシは長い年月が経っても茶色く変色しないことが特徴です。

　近江のヨシは全体的に品質が良く、戦前は簾戸用に近江産のヨシが大阪や京都でよく売れたのだそうです。

　ヨシは土質によって太さが変わります。砂地の所には細いヨシが、泥地の所には太いヨシが生えます。ちなみに、小中の湖と大中の湖にまたがる中州では、大中の湖側は砂地、小中の湖側は泥地でした。また、軟質のヨシが生えている所では軟質のヨシばかりが、硬質のヨシが生えている所では硬質のヨシばかりが生えるといいます。小

中の湖周辺では特に円山のヨシがきれいなヨシで軟質だったのだそうです。

当時は田んぼよりもヨシ地からあがる収入の方が高く、田んぼの収入を1とするとヨシ地は3くらいでした。また、屋根用などの太いヨシと、簾戸などに使う細くてきれいなヨシとの値段は、同じ量でも1対10の違いがあったのだそうです。4枚で1セットだった簾戸は、米1俵の値段と同じだったと対象者は記憶しています。今の値段なら約6万円くらいでしょうか。

下豊浦で確認することのできたヨシ産業の一年の流れを**表4**に示します。

ヨシ産業の一年は、刈り子によるヨシ刈りから始まります。特に刈り始めの時期は定まっていませんでしたが、だいたい1月の大寒頃から始めていました。大寒の頃から2月の中頃までがヨシ刈りに最も適した時期でした。2月のヨシは完熟していて、色合いや光沢、品質が最も良く、それに比べて1月はまだ少し青みが残っていて、3月では皮がはじいてしまい商品になりません。「刈り子」とは、ヨシ刈りを専門にする人のことをいいます。下豊浦には10人ほどの刈り子がいました。刈り子は1月から5月頃までヨシ刈りやヨシの選別などの作業を手伝っていました。ヨシ刈りには一斉に入るのではなく、刈り取る範囲が刈り子毎に決まっていて、それぞれ3月末までに自分たちの段取りでおこなっていました。しかし、中には5人ほどで仲間を組んで刈り取っていた人もいたようです。5月以降は自分の家の田植えなど田んぼの仕事をします。刈り子にとって冬のヨシ刈りの仕事は季節労働のようなものでした。

3月には「ヨシの調整」と呼び、大阪や京都、名古屋、金沢に送

表4　ヨシ産業の一年

1月〜2月	3月	4月〜8月	9月〜12月
刈り子によるヨシ刈り	ヨシの調整	ヨシの出荷（京都の祇園祭、大阪の天神祭りくらいまで）	在庫整理、来年の仕事の準備
	出荷の準備		
	20日頃からヨシ地を焼く		

るために、太さによってヨシの選別をおこなっていました。

　また、3月の末から4月中旬までの20日ほどの間にヨシ地を焼きました。焼く時期によってヨシの成長は微妙に違ってきます。3月の20日頃に焼くと太いヨシが生え、4月に焼くと細いヨシが多くなります。遅すぎて、新芽が30cmも伸びてから焼くとその年にヨシは生えませんでした。

　そして、4月から8月の京都の祇園祭、大阪の天神祭くらいまでがヨシの出荷時期でした。それが終わると年末にかけて在庫整理や来年の仕事の段取りに入ります。その間、来年の分を各地の問屋や簾店が買いに（予約をしに）来たのだそうです。

漁業の一年

　小中の湖周辺の集落には漁業を生業とする多くの人たちがいました。

　漁は天気によって、湖に出ることができる日とできない日があります。天候の良い日はほぼ毎日漁がおこなわれていました。漁には「漁間（りょうまん）」という言葉があります。漁間とは、漁には大漁の時も不漁の時もあるという意味です。何を、いつ、どこで獲ればよいか。それを見極めるのが漁師の腕、匠の技でした。

　同内湖が干拓される直前まで安土村には漁業組合員が65名ほどいましたが、漁だけで生計を立てていた家は下豊浦の集落では4軒

ほどでした。

　下豊浦で長年漁師をしていた聴き取り対象者の話を中心に、これから、弁天内湖での漁業の一年を紹介していきます(**表5**参照)。

表5　弁天内湖における漁業の一年

1月	2月	3月	4月	5～6月	7～8月	9～10月	11～12月
タタキ漁			ネバイ		タツベ(梅雨まで)	ウナギトリ	ネバイ	タタキ漁
貝曳き		貝曳き		モンドリ(梅雨まで)			貝曳き
ヨシ巻き漁							
漬柴漁							

　弁天内湖では1月に、タタキ漁と漬柴漁、ヨシ巻き漁が営まれていました。

　ヨシ巻き漁という漁は琵琶湖でもおこなわれています*14。しかし、琵琶湖でのヨシ巻き漁が6月の産卵期なのに対して、同内湖と周辺の内湖では12月から2月にかけての、魚がヨシ地に寄ってくる寒い時期におこなわれていました。

　内湖でのヨシ巻き漁は遠浅の、砂地ではないヨシ地でないとできませんでした。砂地のヨシ地ではヨシの密度が低くて魚が寄ってこなかったからです。ところが、弁天内湖には砂地ではない遠浅のヨシ地はわずかしかありませんでした。ヨシ巻き漁の方法を**図7**に示します。

　ヨシ巻き漁は次のような方法でおこなわれていました。

　漁をする前日にヨシ地に行って魚がいることを確認します。確認ができたら翌朝、道具を舟に積み込み、5人ほどで組をくんで3～4艘の舟に分かれてヨシ地に向いました。ヨシ巻き漁には多くの道具を必要とします。そのため誰でもができる漁ではありませんでし

3　小中の湖でおこなわれていた生業　　29

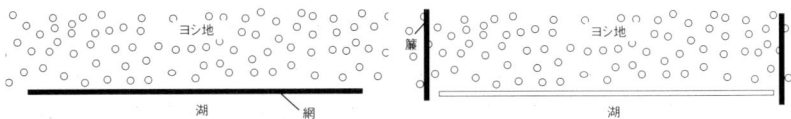
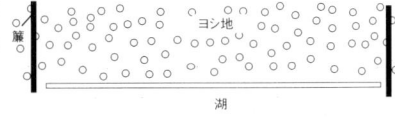

1．魚が湖に逃げないように、ヨシと湖の際に100mくらいの網を張る。
2．網の両端を垂直に簾で仕切る。

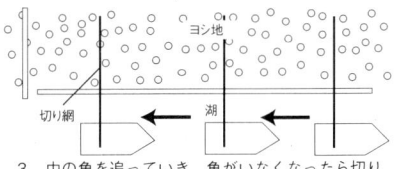
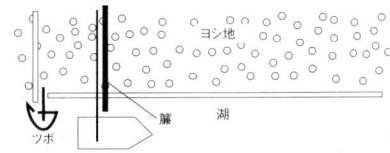

3．中の魚を追っていき、魚がいなくなったら切り網を張っていく。そしてまた追っていき魚がいなくなったら切り網を張っていく。それを数回繰り返す。
4．最後は8畳よりも大きい広さに追い込み簾を張る。明るい所にツボをこしらえ、簾と網の三方で囲んだ中のヨシを刈り取っていく。

図7　ヨシ巻き漁（上から見た図）

た。道具を持っている人が中心となって、組をくんでおこなっていました。

　ヨシ地に着いたら最初に、魚が逃げないようにヨシと湖の境目に100mくらい網を張ります。そして、網の両端を垂直に簾で仕切ってしまいます。その後、片側の簾の方からヨシ地の中の魚を反対側の簾に向って追っていき、魚を追った後に切り網を張っていきます。これを数回繰り返します。8畳よりも少し広いくらいの場所にまで魚を追い込んだら、外側の網と簾のすき間の明るい所にツボをこしらえて、最後にその8畳の広さのヨシを刈り取ります。それからツボの中の魚をすくい上げたり、ツボに入らなかった魚を四手網（「四つ網」と呼んでいました）ですくい上げたりしました。このようにして獲れた魚は主にワタカやゲンゴロウブナだったといいます。同じ場所で年に2回くらい漁ができ、1回の漁でだいたい150貫（約600kg）の魚が獲れたのだそうです。

　また、正月の時期には漬柴漁もおこなわれていました。漬柴のこ

とを「寝屋」とも呼びます。柴を200束ほど結い、一年中水の中に浸けておいて、年に1度、冬になったら揚げるというものでした。だいたい5軒くらいで組をくんでおこなったのだそうです。漬柴漁の方法を図8に示します。

　漬柴漁ではまず、田舟4艘で出かけて柴の四方を取り囲み、4枚の簾を張ります。4枚の簾のうちの1枚だけは、魚を舟に揚げやすいように水面から1尺ほどの高さにしますが、他の3枚は水面から2尺ほどの高さでした。それから簾の一角の外側にツボを作ります。そして、中の柴をすくい揚げて舟越しに隣の場所に沈めます。移して沈めた所が次の年の漬柴漁の場所になるのです。

　柴は2本の一本鍬と1本の二本鍬を使って揚げました（**写真3参照**）。二つ並べた一本鍬の方に二本鍬を使って柴を寄せ、一本鍬と二本鍬とで挟んで引き揚げるのです。このように、先に柴を揚げてしまってから四手網や投網で魚をつかまえました。漬柴漁で一番多くつかむことができたのはテナガエビでした。その次としてはギギ

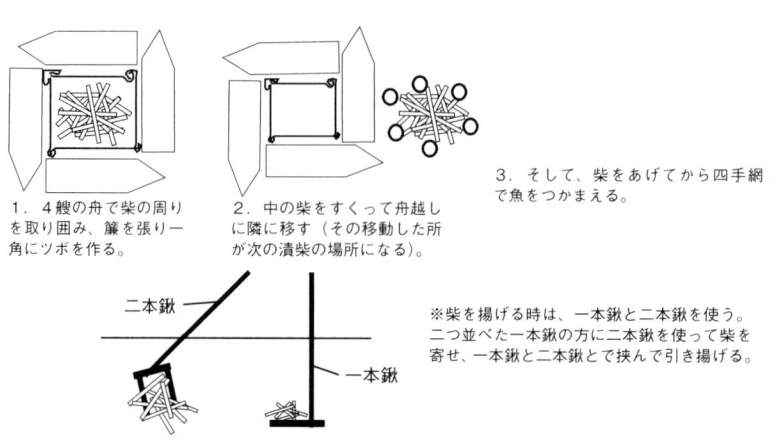

図8　漬柴漁（上から見た図）

やナマズが多かったといいます。他にも地元の人が「ボテジャコ」と呼んでいたタナゴ類が獲れました。

ただし、漬柴漁は一日中天気がよくないとできません。風が吹く日は寒すぎて、舟上での作業が続けられなくなるため、天候の良い日を選んでおこなっていました。1回で120kgほど獲れ、普通の漁のときよりも3～4倍の金額がもらえたといいます。

写真3　一本鍬から四本鍬（左から、四本鍬2本、三本鍬、二本鍬、一本鍬）
（下豊浦在住　奥田修三氏より道具提供、著者が撮影）

冬、湖が荒れた後に出るのがタタキ漁でした。冬の湖は北風などが吹いてよく荒れます。冬眠している魚たちは、嵐になると水が濁ってくるため自然に水面へと浮いてきました。水が澄んでいると小糸が見えてしまって魚は逃げます。だから水が濁っているうちに漁をしました。場所はどこでもできたのですが、荒れ方によっては魚の集まる場所が違っていました。漁師たちは長年の経験から、西風がきつくて濁った場合はどういう所に魚が集まるのかが分かっていたといいます。

漁の方法は、「小糸」と地元の人が呼んでいた目の粗い刺し網（1尺に七つの目があるもの）を70mほど張ります。そして竹の竿の先にラッパのようなものがついている「追い金」（地元では「ガバン」と呼んでいました）を使って小糸に魚がつくように追うのです。荒れた後の2日から3日間は漁に出ることができました。獲れた魚は大きな魚が多く、主にフナやコイでした。1日に7～8回おこなうことができ、1回揚げると5～6匹くらい獲れました。大中の湖に比べる

と小ぶりでしたが、それでも、2月頃の一番寒い時は1匹が10kgくらいのコイが獲れたといいます。よく獲れる時は1日に約20kg以上獲ることができたのだそうです。

　タタキ漁とよく似ていたのがネバイでした。3月頃になると魚の勢いが強くなってタタキの網ではなかなか獲れません。ネバイは魚を追うのではなく、夜に小糸（1尺に10個の目があるもの）を浸けておいて朝に揚げます。この漁は朝1回おこなうものでした。水が濁っていなくても魚を獲ることができたため、毎晩でも仕掛けに行くことができました。しかし、風が吹くと、魚ではなく、水草で網がいっぱいになります。そのため風があまりきつくない日の夜に仕掛けに行っていました。このころが漁師にとっては一番忙しい時期だったのだそうです。3月の上旬にはゲンゴロウブナやニゴロブナが獲れたといいます。

　一方、3月の下旬くらいからは産卵にあがってきたホンモロコがよく獲れました。ホンモロコを獲るためには上旬の頃よりも網の目の細かい小糸（1尺に28個の目があるもの）にかえてネバイをします。この時期に獲れるモロコはとても高い値がついたといいます。他にはフナにコイ、ナマズ、ギギなどを獲ることができました。フナも産卵期で卵を持って内湖にあがってきます。モロコほどではありませんがニゴロブナも高い値で売ることができました。しかし、ナマズは商品価値がなかったためその場で捨てていました。一方、ギギは安値ではあったのですが売れたため、持って帰っていました。ネバイは一番獲れる時でモロコが1回12kgくらいだったといいます。

「特別採捕」という期間が4月から5月の間にありました。これは小中の湖周辺には住んでいない人たちが県の許可を得て特別に小中の湖で貝曳きをしても良い期間のことです。

魚の産卵期である５月になれば、一雨あるごとに、魚が琵琶湖から内湖にあがってきます。フナやコイは雨が降った時の濁り水を吸って産卵すると聴き取り対象者はいいます。安土周辺では雨が降ったら「明日は魚島(うおじま)」といっていました。この言葉は大津の堅田(かたた)でも使われています。産卵の時期になると今まで琵琶湖の北の水深の深い所にいた魚が浅瀬のヨシなどに向って真っ黒な大群になってあがってくる。それが島のように見えることから「魚島」といいました。ただし、小中の湖では島になってあがってくるほど大群になることはなかったのだそうです。

　そんな時期の漁法の一つにタツベ漁があります。タツベとは竹で編んだ籠のような仕掛けです。ヨシの端の浅瀬の、産卵する魚の通り道によく仕掛けました。仕掛ける時は１回に30〜40個ほど沈め、多い時には１日に40kgほど獲ることができます。タツベの中には、エサとしてシジミなどを割って入れました。他にもモンドリなどの仕掛けによって産卵でヨシ地にあがってくる魚を獲っていました。ところが、この時期は産卵直前のために腹の中の卵が緩んでいて、この時期のフナをフナ寿司にしても卵がしっかりと詰まったよいフナ寿司になりません。そういうフナは値打ちがなく、また、モロコも同様だったといいます。

　初夏（７月）には竹の筒でウナギを獲っていました。竹筒は新しい物よりも、よく使い込み、皮が薄くなったくらいの物の方がウナギがよく入りました。ウナギトリはほぼ毎日おこなうことができました。筒の中にはエサとしてシジミを入れます。エサのシジミは小さくつぶすのではなくて、貝殻に小さな穴が開くくらいでやめておきます。そうすると食べるために時間がかかり、より長時間筒の中に入っているので、つかまえやすくなります。シジミの殻のため、つ

かまえたウナギは口の周りが血だらけになっていたのだそうです。

　竹の筒は4列に並べて、全部で200本ほど水中に沈めました。沈める時には風向きを考えて筒が風に揺れないように、真っ直ぐ筒の先を風に向かって沈めます。そうすることで揚げやすく、舟も曲がることなく進むことができて仕事がしやすくなります。10本から7本に1匹しか入っていませんでしたが、それでも1回にだいたい4kgはつかめました。それを1日に2〜3回続けます。このウナギトリは夜でもおこなうことができ、さらに夜の方がたくさん獲ることができました。真っ暗になる9時頃に、カーバイドで照らしながら竹筒を揚げに行きます。1日に3回も揚げるとかなりの収入になりました。10日ほど続けておこなうと漁師舟が1艘買えたほどだったそうです。ただし、この漁は主に大中の湖や西の湖でやっていて、小中の湖でやっていた憶えはあまりないと対象者はいいます。

　秋（9月から10月）になると春におこなっていたネバイを再開しました。この時期は目の粗い小糸でフナやコイを獲ります。そして、11月頃になると、再びタタキ漁を始めました。また、田んぼが終わる正月前から3月頃までは「貝曳き」といって、貝を獲っていました。

　他にも、琵琶湖の伝統的漁法である魞(えり)漁など一年中できた漁もあります。同内湖周辺の内湖の魞には2種類あり、矢じりが二つ連なったものと、一つだけのものがありました。矢じりが二つ連なっていた魞の先端の方の魞は、フナやコイなどの大きめの魚を獲るために「粗目」といって柵の目が少し粗く、もう一方の魞はモロコなど小さな魚をつかむために柵の目が細かくしてありました。そのような魞のツボの中には競り上がってくるくらいに魚がたくさん入っていて、魚の腹の色で、まるで白銀のようだったと聴き取り対象者はいいます。それを3回くらいに分けてすくうと、舟の8分目まで魚で

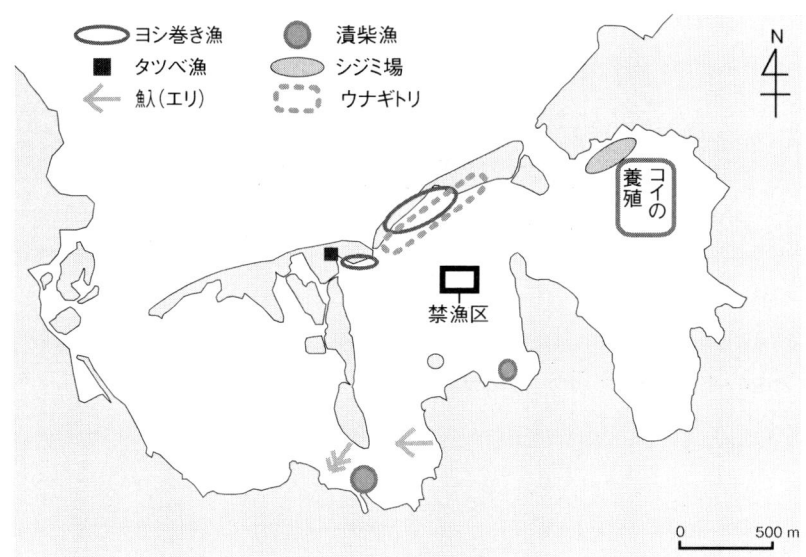

図9　小中の湖の主な漁場

いっぱいになりました。

　また、ヒガイという魚も一年中獲っていましたが、石垣付近の浅瀬でないと獲ることができず、網も短いもの(30cmくらい)でないと獲れませんでした。しかし、石が多くある所だったため、風が吹くとすぐに網が破れてしまいます。そのため、風のない晩にたまに仕掛ける程度でした。

　漁業の一年の流れは以上ですが、その他に「禁漁区」と呼ばれ、漁をしてはいけない区域が弁天内湖にありました。また、伊庭内湖にはコイの養殖をしていた所やシジミ場がありました。調査で確認することができた漁法ごとの主な漁場を図9に示します。

＊14　(2000)琵琶湖の魚と漁具・漁法, p.35, 滋賀県立琵琶湖博物館.

4

人々の暮らしと内湖
〜人々による湖底の水草(藻)や泥の伝統的な活用方法と、
子どもたちの遊び〜

湖底の水草(藻)を採る「モラトリ」

　小中の湖の周辺集落の人々は、湖底に生えていた水草(藻)を底泥と一緒に掻き揚げ、田畑の肥料として利用していました。湖底の水草(藻)を泥と一緒にすくい揚げるこの行為を下豊浦の人たちは「モラトリ」(「モラ」とは下豊浦で藻のことをいいます)、伊庭と能登川、須田の人たちは「モトリ」と呼んでいました。本ブックレットではこの行為を以下、「モラトリ」と呼ぶことにします。

　下豊浦の聴き取り対象者によると、地元の人々は水草と藻とを呼び分けていました。水面に葉が出ているものや浮いている植物を「水草」と、湖底に生え水面に葉が出ていない植物を「藻」または「モラ」と呼んでいたようです。ところで、モラトリで採集されていた藻はどのような藻でもよかったわけではありません。「コウヅル」と呼ばれる藻が良い藻とされ主に採集されていました。

　では、コウヅルとは一体どの藻のことを指していたのでしょうか。コウヅルは葉がスイセンの葉のようだったと対象者は記憶しています。この葉の形から、地元の人々が「コウヅル」と呼んでいた藻は「コウガイモ」と「ネジレモ」「セキショウモ」のいずれかであったと考えられます。また、葉の途中から先端にかけてギザギザがあっ

たそうです。葉のギザギザに関してはコウガイモとネジレモは葉全体に、セキショウモは葉の先にあります。さらに、対象者によっては葉がねじれていたと言います。葉がねじれているのはネジレモと一部地域のセキショウモだけです。ただし、専門家に確認したところ、セキショウモは琵琶湖とその流入河川では確認されていないのだそうです。これに対して、コウガイモとネジレモは、現存する内湖で近年まで生育が確認されており[*15]、これらの種がかつての小中の湖にも生えていた可能性は高いようです。以上のことから、同内湖にはコウガイモとネジレモが生えており、周辺集落に暮らす人々はこれらのよく似た二種類を区別せずに「コウヅル」と呼び、混ざった状態で採集していたのではないか、と私は推察しています。

　モラトリは田舟を持っている農家がおこなっていました。藻の採集には、田舟に乗って湖に向います。田舟の数は下豊浦では100艘ほど、能登川では11艘ほどありました（伊庭については聴き取り調査で何艘であったか確認できていません。須田については、対象者は記憶していませんでした）。ただし、下豊浦でモラトリをおこなっていたのは、そのうち30軒ほどであり、能登川と須田でも田舟を持っている一部の農家だけがおこなっていたといいます。

「舟が傾いたら水が入ってくるというくらいたくさん採るんや。中には、よく沈んではる人もいてたで。藻と一緒に水も入ってくるから、水を出しもってやらんと田舟が沈む。モラはほしいけど水はいらんでな」
「田舟がひっくり返ったことはありませんでしたか？」
「そうやな。だんだんと沈んできて、これはもうあかんな、と思っ

たらわざとひっくり返してしまわなあかん。ひっくり返っても浮いとるが、舟が沈んで、湖底についてしもうたら、ひき上げるのが大変やからな。ほんでモラをほかしてしまわなあかんかったことがあったな」
「モラを採っていた時期は、田仕事がひと段落する８月くらいからとおっしゃっていたのですが」
「そうや。７月から８月にかけてやな」
「解禁日というのはなかったですか？」
「それはない。そういうことはないけど、７月くらいの時期にならへんと良いモラが生えんかった」
「７月から８月以外には採りに行かなかった？」
「そうやな。寒い時期には行かんかった。藻がなかったし」
「特に時期は決められていたわけじゃないんですね？」
「決められてはない。期間はなかった」
「７月から８月にかけて何回くらい採りに行ったんですか？」
「暑いから、朝早く行かはる人が多かったわ。うちの親父さんも早くから採りに行ってはった。６時ごろまでには１艘から２艘分、舟が沈むくらい採ってきはる。それから朝ごはんを食べはるんや。それからお昼までにもう２艘分くらいやな。お昼からは暑くなるから行かはらへん。午前中までに採ってしまう」
「１艘分採るのにどれくらい時間がかかるんですか？」
「２時間くらいはかかる」
「だいたい何日間くらい採りに出るんですか？」
「おおかた１ヶ月くらい採りに行かはった。わしも親父さんと二人で採りに行ったわ」

小中の湖でのモラトリは、採集する時期は特に決められていませんでしたが、主に田仕事がひと段落する7月から8月に、早朝から田舟に乗って行ったようです。「コウヅル」を根についた泥と一緒に「コマザライ」という道具（**写真4参照**）を使って田舟が沈むくらいに大量に掻き揚げます。これをお昼までに2〜3回、1ヶ月間ほどおこなっていました。1回の採集に2時間ほどかかったそうです。当時の新聞に採集する速さを競い合う「採藻競技」[16]の記事があったことから、この「モラトリ」はとても盛んであったことが伺えます。ただし、対象者はこの採藻競技については記憶にありませんでした。

写真4　コマザライ
（下豊浦在住　西孫兵衛氏より道具提供、著者が撮影）

　モラを採る場所は特に決められてはいませんでした。しかし、小中の湖一面にコウヅルが生えていたわけではなく、弁天内湖では西の湖寄りの所に、伊庭内湖では安土山のふもとに生えていました。そのため下豊浦の人々は西の湖寄りの所で採集していたといいます（モラトリをおこなっていた場所はP.19図4を参照）。『水辺の記憶』[17]によると、近江八幡市の島地区に住んでいた人々も、大中の湖より西の湖の方が良いモラとされていたモラが多かったため、西の湖でモラトリをおこなっていたようです。小中の湖や大中の湖、西の湖一帯では、特に西の湖に人々が好む藻が多く生育していたと考えることができます。

　採集してきたモラには、田んぼ用と畑用とがあり、それぞれ利用

の仕方が異なっていました。田んぼの肥料とするためには、採集後に田んぼ脇の石垣の上にあった「モヅカバ」と呼ばれる場所に積み上げ、「モヅカ」と呼ばれる藻の塚を作ります。モヅカは１ｍ以上の高さになりました。積み上げた後はそのまま放置して腐らせます。モヅカバには屋根などなく、雨が降れば濡れっぱなし、雪が降ればモヅカの上に雪が積もったといいます。そのように放置して腐植（堆肥化）させたものは固くなり、土のような状態になります。それを５月の田植え前に切り出してモッコで田んぼまで運び、砕いて撒いていました。聴き取り対象者によれば、毎年全部の田んぼに入れるのではなく、年によって入れる田んぼが違ったのだそうです。また、各家の田んぼの大きさによってモヅカバの広さは異なりました。聴き取り対象者の家には４畳くらいの広さのモヅカバが二つあり、そこに積んだモヅカを毎年だいたい３〜４反ほどの田んぼに入れていたのだそうです。モラを堆肥化させるため、モラと一緒にある程度の量の泥も掻き揚げる必要があったと思われます。しかし、泥の量はモラの根についている程度だったと記憶している人から、モラよりも泥の方が多いくらいだったと記憶している人までいて、その量ははっきりとしません。

　一方、畑に入れるモラは、モヅカバには積み上げません。そのままモッコに入れて畑へ運び、畑の側で４〜５日放置した後、「鍬堀り」と呼び、畑を掘り起こす時にすき込みました。鍬堀りの方法は、まず畑を掘り起こし、１列の畝(うね)を立て、掘り起こした時にできる溝にモラを入れ、そしてまた隣の列の畝を立てるために掘り起こした土をその溝に被せていきます。１反ほどの広さの畑に田舟３〜４艘分のモラを入れたと対象者は記憶しています。ただし、畑に入れるものはある程度泥を落としてから持って行きました。また、人によっ

ては畑には全く入れず、田んぼ用のモヅカしか作っていない人もいたのだそうです。畑に入れるモラの採集時期、採集方法に関しては、モヅカバに積み上げるものと同様に、7月から8月に採ってきたモラをそのまま畑にまいたと記憶している人がいた一方で、12月に水鳥が根を食べた後、浮かんで岸に打ち上げられた藻を畑に入れていたと記憶している人もおり、聴き取り対象者によって記憶が異なっていました。本調査でモラトリについて聴き取りをおこなった対象者の中に当時、農家ではなかった人もいたことや、また、家が農家であっても、モラトリをおこなっていた当時はまだ子どもだった人が多かったことから、記憶に違いがみられたのだろうと私は考えています。

モラトリのような行為は、小中の湖周辺の内湖だけでなく、中海(なかうみ)や宍道湖(しんじ)など、日本各地の湖でもおこなわれていたことが知られています[18]。ただし、中海や宍道湖では、荒天の多い冬季以外の時期に、海草や藻類を採集し販売しており、採集権があったのに対して、小中の湖では販売していた人はみられず、また、採集権などはなかったようでした。

一方、滋賀県の米原市にかつて存在した入江(いりえ)内湖でも小中の湖と同じように湖底の藻を泥と一緒に掻き揚げていたことが報告されています[19]。ただし、入江内湖では採る時期が決まっており、5月15日から31日の間が水田に入れるための「春藻」の、8月1日から9月30日が畑に入れる「夏藻」の採集期間であり、両期間の間の6月から7月は水草の採集は禁止されていたそうです。これは、1930年（昭和5）の滋賀県漁業取締規則の改正によって毎年6月1日から7月31日まで水藻の採取が禁止になったためだと考えられます[20]。

しかし、前述したように、小中の湖周辺の聴き取り対象者たちは、同内湖では採集時期や禁止期間などが特に定まっていなかったと証言しています。ところが、小中の湖が干拓される前の伊庭や能登川の様子が記された『きぬがさ百話』[21]には、8月1日までは採集が禁止されていたことが書かれており、このことから聴き取り対象者たちは当時子どもだったため、モラトリの禁止期間の記憶がなく、調査の際に「ない」と証言していた可能性が高いと思われます。私は、実際には小中の湖でも禁止期間があったのではないかと考えています。

代用燃料となった「スクモ」

小中の湖の湖岸付近には「スクモ」と呼ばれる泥炭が堆積していた所があり（P.19図4参照）、周辺集落の人々はこのスクモを代用燃料として使用していました。スクモとは昔の草木が埋没し泥炭となったもののことです。

地元の人々はスクモの採集を「スクモトリ」と呼んでいました。スクモトリは午前中に田舟に乗ってスクモの採れる場所（P.19図4参照）に向かいます。採集には「ジョレン」と呼ばれる長い竹の棒がついた道具を使用していました（写真5参照）。舟の上からジョレンを使って湖底を掘り起こします。スクモの上層にはヘドロが溜まっているため、単に引き揚げるだけでは上手くスクモがかかっ

写真5　ジョレン（当時は3mほどの竹竿がついていた）
（下豊浦在住　西孫兵衛氏より道具提供、著者が撮影）

4　人々の暮らしと内湖───43

てきません。すくい揚げるにはコツが必要でした。しゃくりながらジョレンの先だけを泥の中へと入れ、中に入ったら今度は力を入れてぐっと揚げる。揚げると、上には10cmほどのヘドロ、下には赤土のスクモが載っています。ヘドロは取り除き、赤土のスクモだけを舟に入れました。このようにしてスクモトリはモラトリと同様に田舟が沈みかけるくらい掻き揚げました。ただし、午前中に田舟2艘分を採集する人はよっぽど上手な人だったと聴き取り対象者はいいます。

　田舟1艘分を採集し船着場に戻ると、そこで掻き揚げたスクモを舟の上で踏み練り、粘土状にします。中には、燃料とした時に燃えやすいように籾殻を混ぜていた人もいたようです。踏み練って粘土状にした後は、家族総出でおにぎりからソフトボールくらいの大きさに丸めます。丸めたスクモは田舟1艘の採集で300個以上にもなったそうです。そうして丸めたスクモを田んぼの石垣や家の軒下などに並べて数ヶ月間乾かします。干している間の数ヶ月は雨が降っても風が吹いてもほおったらかしでした。スクモトリの時期になると集落の石垣の上にスクモがたくさん並べてある風景がみられたといいます。

　こうして乾いたスクモはイジコやカマスに入れて冬まで保存し、冬場にバンコ（こたつのような物）や火鉢などに入れて使う保温燃料として使用されていました（写真6参照）。当時は値段が高く炭が手に入りにくかったため、スクモは

写真6　火鉢に入ったスクモ
（下豊浦在住　奥田修三氏より道具提供、著者が撮影）

その代用燃料として活躍していたのです。ただし、スクモは火力が弱かったためか、風呂焚きや炊事に使用することはなかったといいます。なお、スクモは燃やした時のにおいが臭かったと聴き取り対象者たちは口をそろえます。

　スクモトリには採集するための権利などありませんでした。そのため、漁師でも農家でも田舟を持っている家が採集していたようですが、それでも農家が多かったといいます。しかし、スクモはモラと違って、田畑を持っていない家にとっても冬場の貴重な燃料になります。そのため、田舟や道具のない人は、スクモトリをやっている人に頼んで採ってもらっていました。中には採ってもらったお礼にお金を払っていた人もいたようですが、スクモトリを商売としていた人はいませんでした。しかし、聴き取り対象者によっては、田舟1艘単位でスクモを売っていた人が10人ほどいたとの証言もあります。このことから、スクモトリを商売にしていた人はいませんでしたが、スクモトリを熱心にしていた人の中に、採集できない人にスクモを売っていた人が何人かいたのではないかと推察されます。

　スクモトリは下豊浦や伊庭の集落では多くの人がおこなっていたようです。特に伊庭では、スクモが採れる場所が集落から遠かったため、行ったついでに2〜3軒分を採集してくるなど、近所同士で助け合っていたと伊庭の聴き取り対象者は記憶しています。しかし、能登川の集落では田舟を持っている一部の農家がおこなっていただけで、また、須田の集落では、小中の湖の干拓工事が開始され、湖底が見え始めた頃にはじめてスクモトリをしたと対象者は記憶しています。

　スクモの採集量については、モラトリと違って何度も採りに行かず、1年に田舟2〜3艘分だけでした。それだけで充分な量があり、

それ以上採っても他に利用方法がなかったからです。一方、スクモの採集期間については聴き取り対象者によって記憶している時期が異なっており、2月から4月という人と、夏だったという人がいて、調査では明らかにすることができませんでした。

湖は子どもたちの遊び場

　ここではブックレットの冒頭でお話しした、小中の湖での子どもたちの遊びについて紹介します。

　小中の湖周辺に住んでいた子どもたちは、湖岸では、砂地になっている所を選んで遊んでいました。下豊浦に住んでいた子どもたちにとっては、特に「まんすけの浜」と呼ばれていた辺りが主な遊び場でした（P.10図2参照）。

　内湖での主な遊びは、泳ぎと貝つかみ、魚つかみでした。泳ぎといってもただ泳いでいただけではありません。上級生が下級生に泳ぎ方を教えたり、「航空母艦」といって、船着場に泊めてあった田舟をひっくり返して船底を飛び込み台にし、湖に飛び込んだりして遊んでいました。特に下豊浦の男の子たちは泳げるようになると、頭の上にパンツや服などを紐でくくりつけ、板を胸に当てて弁天島まで泳いでいきました。子どもたちだけで田舟に乗って弁天島に行くこともあったそうです。弁天島では「竿飛」をして遊びました（写真7、8、9参照）。

「竿飛」とは、弁天島から湖に突き出ている大きな竿（木材）に乗り、竿の先から湖に飛び込むものです。「竿から飛び込めなかったら男ではない」と言われたといいます。この竿飛は下豊浦の子どもだけでなく、伊庭の子どもたちも親に舟で連れてきてもらい遊ぶこともありました。

写真7　弁天島の竿
（下豊浦在住　奥田修三氏より提供、安居槌治郎氏による撮影：昭和8年頃）

写真8　弁天島の竿で遊ぶ子ども
（下豊浦在住　西孫兵衛氏、西義弘氏より提供、大阪からの観光客により撮影：昭和12年頃）

写真9　弁天島の竿に腰掛ける子ども
（下豊浦在住　奥田修三氏より提供、安居槌治郎氏による撮影：昭和初期頃）

写真10　湖面が凍った時の弁天島（弁天島の方向へ氷が割れている）
（下豊浦在住　奥田修三氏より提供、安居槌治郎氏による撮影：昭和初期頃）

　貝つかみは湖底の貝を足で探り、潜って獲っていました。貝は湖底に垂直に立っていたため足で探ることができたのです。女の子は、舟の上から湖底にいる貝の開いた口をめがけてヨシの茎を差し込む「貝釣り」をしていたといいます。他にも、浅瀬でスコップを使って泥と一緒にかき、トオシ(篩)にかけてシジミを獲ったり、貝曳きをしたりしていました。

魚つかみは下豊浦でも伊庭でもされており、主に石垣付近でギギなどを獲っていたといいます。ギギは鋭いトゲを持っていて、つかむとよく刺され、痛かったのだそうです。ギギ以外にもウロリと呼ばれるハゼ科の稚魚やカニも獲って遊んでいました。

　他にも、冬になると湖面が凍ったことがあったのだそうです(写真10参照)。その時は長靴をはいて湖面でスケートをして、江ノ島まで歩いていった子どももいたといいます。

　それ以外にも家の近くの水路で、トオシ(篩)を持って小エビすくいやタニシ獲りをして遊びました。獲ったタニシはゆでて食べます。エビは大根と炊くと美味しかったのだそうです。

＊15　西野麻知子，浜端悦治（2005）内湖からのメッセージ琵琶湖周辺の湿地再生と生物多様性保全．p.67．サンライズ出版．
＊16　滋賀新聞．1942-8-19．
＊17　近江八幡市史編纂室（2003）水辺の記憶―近江八幡市・島学区の民俗誌―．pp.75-76．近江八幡市史編纂室．
＊18　平塚純一，山室真澄，石飛祐（2006）里湖―モク採り物語―．p.33．生物研究社．
＊19　佐野静代（2004）内湖をめぐる歴史的利用形態と民俗文化―その今日的意義―．滋賀県琵琶湖研究所所報，(21)，131-136．
＊20　滋賀県立農事試験場（1939）琵琶湖沿岸に於ける水藻の利用とその肥効．p.5．滋賀県．
＊21　中川眞澄（1985）きぬがさ百話．p122．

5

小中の湖の干拓

干拓工事の着工・竣工の年は不確定

　いままで述べてきたように、小中の湖は人々の暮らしと密接に関わっていました。そんな小中の湖ですが、太平洋戦争中に食糧増産のために干拓されることが決まります。そして、滋賀県で初めての大規模な干拓工事が小中の湖から開始されたのでした。

　ここで、小中の湖を含む県内の内湖の干拓の歴史を振り返ってみましょう。

　内湖の干拓は古くからおこなわれてきました。その歴史は江戸時代まで遡ることができます。ただし当時は、内湖全体を干拓するというものではなく、湖辺域の一部を水田に変えていくというものでした[22]。

　明治時代に入ると大規模な干拓が計画されるようになりますが、なかなか着手されることはありませんでした[23][24]。

　しかし、1941年（昭和16）に第二次世界大戦がおこり、食糧事情が悪化すると、食糧増産の必要に迫られて、ついに、干拓事業が実施されることになりました[24]。前にも述べたように、県内各地にあった内湖の中でも、小中の湖の干拓工事が最初に着工されたようです。それに続いて、1940年代には松原内湖や野田沼、塩津内湖、大郷内湖、入江内湖、水茎内湖、繁昌池、四津川内湖、貫川内湖において次々と干拓工事が着工されます。その後さらに、1960年代には大

中の湖、塩津姿婆内湖、曽根沼が干拓され、1971年に干陸した早崎内湖と津田内湖をもって内湖の干拓は終了しました*25。

さて、小中の湖の干拓工事は一般に1942年(昭和17)に着工し1947年(昭和22)に竣工したといわれています。ところが、調査を進めていく中で私は、これら着工・竣工年の時期の記憶が聴き取り対象者によってまちまちであること、また、文献によってもその記述がさまざまであることに気づきました。例えば、『琵琶湖干拓史』*25と『滋賀県史』*26では着工が1942年8月、完成が1947年3月となっています。それに対して、『角川日本地名大辞典』*27では1942年に計画され、翌年に工事開始、1946年(昭和21)に干陸したとなっているのです。そこで、私は小中の湖干拓工事の着工と竣工年を明らかにしようとさらに資料収集をおこないました。

その結果、干拓工事に関係した記述がある文献や資料としては、『滋賀県開拓事業概要』*28と『滋賀県市町村沿革史』*29、『琵琶湖干拓史』*25、『開拓のあゆみ』*30、『滋賀県誌』*31、『滋賀県史』*26、『能登川町史』*32、『角川日本地名大事典』*27、『滋賀県百科事典』*33、『滋賀県の地名』*34、『拓輝豊和きぬがさ50年のあゆみ』*35、『小中の湖土地改良区』*36の12件を、新聞記事としては、1942年から1945年(昭和20)の朝日新聞の滋賀版と滋賀新聞から21件*37〜*57を収集することができました。

しかし、これらの資料においても、干拓工事の着工と竣工年は資料によってさまざまであり、確定することはできませんでした。県の担当部局にもこの点を確認してみましたが、県では内湖の干拓年に関しては『琵琶湖干拓史』と滋賀県史編さん委員会編の『滋賀県史』に準拠しており、それ以上のことは分からないとの回答でした*58。

写真11 小中の湖の空中写真（1945年4月7日米軍撮影）
（米国公文書館所蔵〈㈶日本地図センターより購入〉）

　さらに、小中の湖の土地改良区にも尋ねてみましたが、同改良区では『琵琶湖干拓史』と『開拓のあゆみ』を参考に、1942年に着工、1946年に竣工したとしているとの回答でした。
　これらのことから、小中の湖の干拓工事の着工と竣工の年を確定することができる公の資料はないことが分かりました。そこで、私は上記の資料などから、総合的に判断し、小中の湖の干拓工事の流れを次のように推察しました。
　小中の湖の干拓は1942年（昭和17）に決定され、翌年、滋賀県で昭和に入って初めての内湖干拓事業として、まずは県営事業として着工されます。1944年（昭和19）になると、国営の琵琶湖干拓工事が開始されることになり、工事全体の地鎮祭と起工式が2月に合わせておこなわれました。それと同時に小中の湖を含めた10ヶ所の内湖

の干拓計画が正式に発表され、小中の湖は農林省から県への委託事業として工事が継続されることになります。同年8月に、正式な干拓事業として小中の湖の地鎮祭と起工式がおこなわれています。翌1945年（昭和20）5月には排水が開始され（それまでは堤防作りがおこなわれていたと推察されます）、7月には一部で田植ができるところまで干拓は進みました。戦後の1946年（昭和21）からは、農林省直轄の国営事業という形で工事が継続されます。同年7月には一部で入植が始まり、そして9月に工事が完成しました。

写真11に米国公文書館所蔵（㈶日本地図センターより購入）の1945年4月7日に米軍が撮影した小中の湖周辺の空中写真を示します（なお、この写真は3枚の写真を私が合成して1枚にしたものです）。空中写真を見ると、小中の湖と西の湖、小中の湖と大中の湖との間にそれぞれ干拓用の堤防が完成していることが確認できます。また、この時点ではまだ小中の湖の湖底が見えていないことが分かります。このことからも、私が推察した同内湖の干拓工事の流れはおおまかにあっているのではなかと考えています。

人々の記憶に残る干拓の様子

次に、小中の湖の干拓工事の様子について、聴き取り調査や収集した文献から分かったことを述べていこうと思います。

小中の湖の干拓工事には実に多くの人々が関わっていました。起工式の時点では延べ25万5000人の人員が必要と予想されており、戦時中ということもあり、労働力としては特に学徒動員への期待が大きかったようです[*40]。学徒動員としては、県内以外に北海道や新潟、岩手、青森など県外からの学生・生徒の動員もありました[*35]。そ

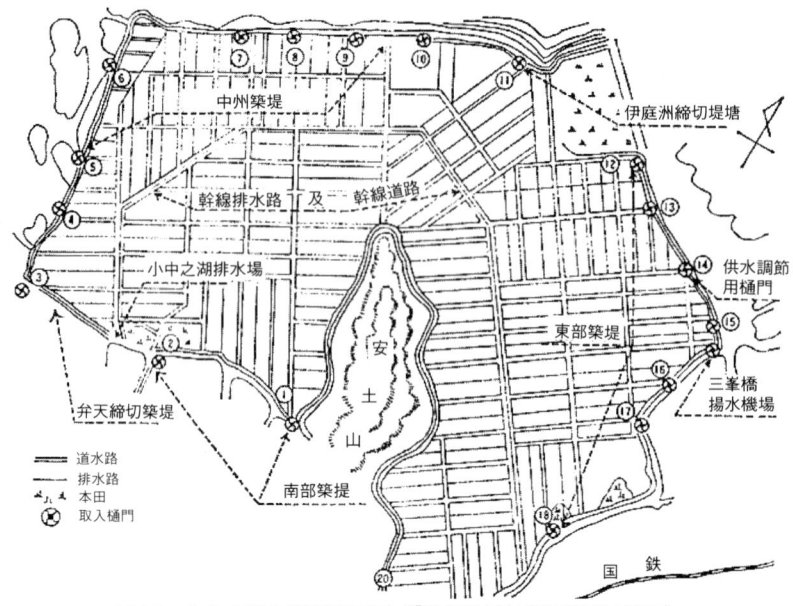

図10　小中の湖の干拓平面図（『滋賀県誌』[*31]掲載図に補足）

の他にも、食糧増産隊や勤労奉仕隊が工事に参加したそうです[*35]。

　それ以外にも、聴き取り対象者の話によると、干拓工事に従事した人々としては、40歳以上で戦争に行かなかった地元の人や高等小学校を出たての徴兵年齢（18歳）に達していない人、伊庭の収容所に入れられていた外国人捕虜や朝鮮から徴用として連れてこられた人たちがいました。捕虜に関しては『拓輝豊和きぬがさ50年のあゆみ』[*35]によると、オランダ、アメリカ、イギリス、オーストラリアの約300人が干拓工事に動員されたといいます。当時、学徒動員として小中の湖の干拓工事に加わっていた聴き取り対象者の話によると、学徒動員が工事に携わるようになったのは1943年（昭和18）頃からのことであり、捕虜が作業に加わったのは翌年の1944年（昭和19）

頃のことだったそうです。

　干拓工事の工程などについては新聞記事や文献で確認することができませんでした。しかし、聴き取り調査によると、最初に、周辺集落からの排水が小中の湖に流れ込まないように、内湖の周りに承水路と土手が築かれたのだそうです。承水路と土手を作る時はトロッコが使用されていました。その後に小中の湖を取り巻くヨシ原の砂洲(島)をつなぐように隣接する内湖との間に締切堤防を築きました。図10に、『滋賀県誌』*31に載っていた小中の湖の干拓平面図を示します。

　図の中に見える弁天締切堤防は1943年(昭和18)の末頃に、伊庭洲締切提塘は1943年末から1944年頃に完成したと聴き取り対象者は記憶しています。

　堤防の完成後、ポンプによる排水が開始されました。そして、干陸した所から稲を植え始めたのだそうです。なお、排水は下豊浦の1ヶ所だけでおこなっていたことが図10から確認することができます。

琵琶湖周辺の内湖が400haにまで減少

　戦前の1942年(昭和17)から約30年間にわたって実施された干拓工事によって消えた内湖の数は、一部干拓も含めて16にのぼります。これらの干拓によって琵琶湖周辺の内湖の面積はかつての約2,900haからわずか約400haにまで減少しました*59。

　内湖は淡水湖であったことから塩抜きをする必要がなく、干拓後すぐに作付けができたため食糧増産の面では大きな効果をあげました。しかし、最大の干拓事業であった大中の湖の干拓が完成する頃には、国の農業政策が増反から減反に大きく方向転換しており、食

糧増産のための内湖の干拓はその目的を失うことになるのです[*59]。

* 22 西野麻知子, 浜端悦治 (2005) 内湖からのメッセージ 琵琶湖周辺の湿地再生と生物多様性保全, p.37, サンライズ出版.
* 23 能登川高校町史研究委員会 (1976) 能登川町史, p.37, 能登川町.
* 24 滋賀県史編さん委員会 (1976) 滋賀県史 昭和編 第3巻, p.121, 滋賀県.
* 25 琵琶湖干拓史編さん委員会編 (1970) 琵琶湖干拓史, p.47, 琵琶湖干拓史編纂事務局.
* 26 滋賀県史編さん委員会 (1976) 滋賀県史 昭和編 第3巻, pp.121-122, 滋賀県.
* 27 「角川日本地名大辞典」編纂委員会編 (1979) 角川日本地名大辞典25巻「滋賀県」, p.391, 角川書店.
* 28 滋賀県農地部開拓課 (1952) 滋賀県開拓事業概要, p.1, p.27, p.31, p.32.
* 29 滋賀県市町村沿革史編さん委員会 (1964) 滋賀県市町村沿革史 第参巻, p.166, 滋賀県市町村沿革史編さん委員会.
* 30 滋賀県農林部土地改良局耕地指導課 (1973) 開拓のあゆみ, p.502.
* 31 滋賀県高等学校社会科教育研究会地理部会 (1974) 滋賀県誌, p.132, 地人書房.
* 32 能登川高校町史研究委員会 (1976) 能登川町史, pp.337-338, 能登川町.
* 33 滋賀県百科事典刊行会編 (1984) 滋賀県百科事典, p.395, 大和書房.
* 34 平凡社地方資料センター編 (1991) 滋賀県の地名, p.645, 平凡社.
* 35 きぬがさ城東区50周年記念事業実行委員会 (1996) 拓輝豊和きぬがさ50年のあゆみ, p.65, p.74.
* 36 (不明) 琵琶湖干拓小中の湖土地改良区, p.7.
* 37 滋賀新聞, 1944-02-10.
* 38 朝日新聞 (滋賀), 1944-02-11.
* 39 朝日新聞 (滋賀), 1944-08-19.
* 40 滋賀新聞, 1944-08-20.
* 41 朝日新聞 (滋賀), 1944-12-06.
* 42 朝日新聞 (滋賀), 1944-12-29.
* 43 滋賀新聞, 1945-05-18.
* 44 滋賀新聞, 1945-06-12.
* 45 滋賀新聞, 1945-06-23.
* 46 滋賀新聞, 1945-07-08.
* 47 滋賀新聞, 1945-07-17.
* 48 滋賀新聞, 1945-07-23.

＊49　滋賀新聞，1945-08-05.
＊50　滋賀新聞，1945-10-10.
＊51　滋賀新聞，1945-12-04.
＊52　滋賀新聞，1946-03-27.
＊53　滋賀新聞，1946-05-17.
＊54　滋賀新聞，1946-06-19.
＊55　滋賀新聞，1946-07-28.
＊56　滋賀新聞，1946-07-29.
＊57　滋賀新聞，1946-09-09.
＊58　滋賀県農政水産部耕地課企画調整担当，小中の湖干拓の着工と竣工時期について 2005-12-16，私信
＊59　倉田亮（1983）内湖―その生態学的機能―．滋賀県琵琶湖研究所所報，(2), 46-54.

6

いま、内湖の存在そのものが再評価されている

内湖の機能

　戦中戦後にかけて、食糧増産計画に基づく干拓によって姿を消してきた内湖ですが、近年、人間や環境にさまざまな恩恵を与える存在として再評価されるようになってきました[*60]。

　内湖の機能は大きく二つにわけて説明することができます。まず一つは、生物の成育の場としてなど、内湖の存在そのものが何らかの役割を果たすことで発揮される内湖本来の機能です。そしてもう一つは、漁業やヨシ産業など、その水面を中心とした利用を通して発揮される機能です。図11にそのような内湖の機能を示します。内湖はこれら「環境形成」や「治水」「浄化」「利水」「レクリエーション」「水産」などの機能を果たしてきたといわれています。また同時に、私たちは内湖を干拓することによって、このような機能を失ってきたわけです。

小中の湖が果たしていた機能

　本ブックレットの紙上で復元してきたように、かつての小中の湖は、他の内湖と同様に鳥類・貝類・魚類などの生息地としての「環境形成」機能を、また、漁業やヨシ産業などが成り立っていたことから「水産」や「水生植物の生産」の機能を果たしていました。さらに、紙面の関係から割愛しましたが、「治水」や「利水」「水上交

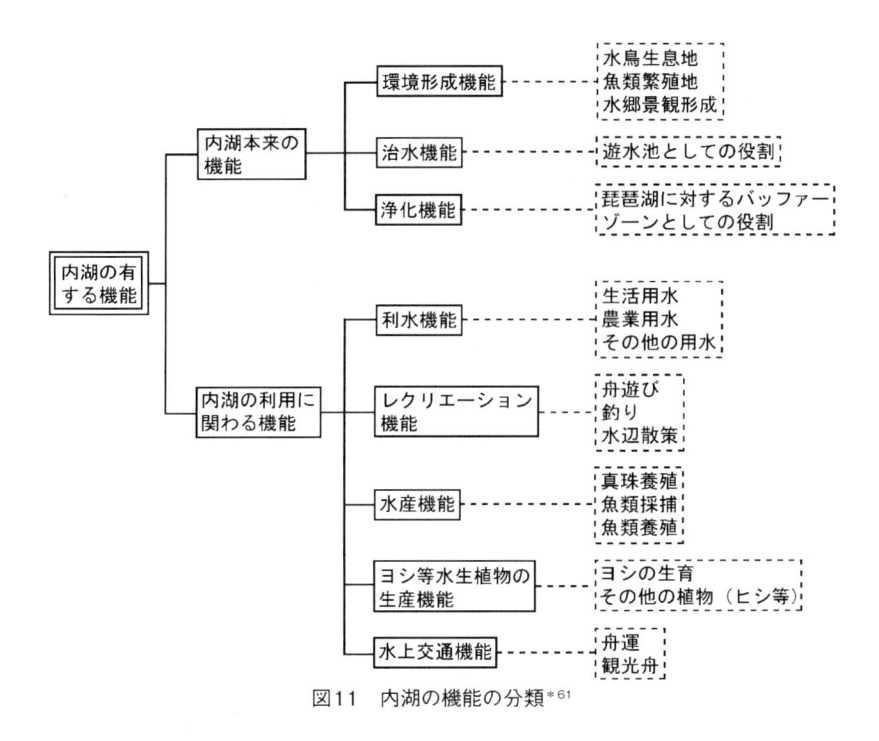

6 いま、内湖の存在そのものが再評価されている　　57

```
                                          ┌ 水鳥生息地
                         ┌ 環境形成機能 ──── 魚類繁殖地
                         │                  └ 水郷景観形成
              ┌ 内湖本来の ┤
              │  機能    ├ 治水機能 ─────── 遊水池としての役割
              │         │
              │         └ 浄化機能 ─────── 琵琶湖に対するバッファー
              │                            ゾーンとしての役割
内湖の有      │
する機能 ─────┤         ┌ 利水機能 ──────┬ 生活用水
              │         │                ├ 農業用水
              │         │                └ その他の用水
              │         │
              │         ├ レクリエーション ┬ 舟遊び
              │         │  機能          ├ 釣り
              │ 内湖の利用に              └ 水辺散策
              └ 関わる機能 ┤
                        ├ 水産機能 ──────┬ 真珠養殖
                        │                ├ 魚類採捕
                        │                └ 魚類養殖
                        │
                        ├ ヨシ等水生植物の ┬ ヨシの生育
                        │  生産機能       └ その他の植物（ヒシ等）
                        │
                        └ 水上交通機能 ──┬ 舟運
                                         └ 観光舟
```

図11　内湖の機能の分類[*61]

通」などの機能を果たしていたことも私がおこなった調査で確認できています（詳しくは発表論文[*62*63]・卒業論文[*64]・修士論文[*65]を参照してください）。

　しかし、これら内湖が果たしてきたといわれる機能や役割は、例えば「浄化機能」を例にとると、漁業やヨシ産業、「スクモトリ」「モラトリ」などによって内湖から魚が獲られ、ヨシが刈り取られ、あるいはモラ（水草または藻）が底泥とともにすくいあげられるなど、人々の営みによって栄養塩類が内湖から取り除かれることによって持続的に発揮されていたのです[*65]。

　近年、早崎内湖干拓地（1964年着工、1971年竣工）ではかつての内湖

に再生することを目指した湛水実験が2001年（平成13）からおこなわれています[66]。また、津田内湖干拓地（1967年着工、1971年竣工）においても内湖再生に向けた動きが見られます。このように、内湖が果たしていた機能や役割が見直され、内湖の再生に向けた取り組みが始まってきているのです。

　内湖の再生について、私は単に物理的に復元するのではなく、その果たしていた「機能」を再生することがより重要だと思っています。さらに、失われた内湖の機能を再生するとともに、再生された機能を維持していくためには先にみたように、人々が積極的に内湖と関わり、資源を循環的に利用するような形での維持管理手法を確立していく必要があると考えています。ただし、これは当時の人々とまったく同じような暮らしや内湖との関わり方を求めるものではありません。大切なことは、内湖としての「機能」を復元し、維持していくことです。そのためには、それぞれの地域における伝統的な手法を見習いながら、現代に適応した維持管理手法を確立していく必要があると思っています。

小中の湖の様子は他の内湖とも共通している

　本ブックレットでは、干拓される前の小中の湖の様子と周辺で暮らしていた人々の暮らしぶりを追いかけてきました。ここで書かれた内湖の様子や内湖と人々との関わりは、小中の湖以外の、かつて県内に存在した多くの内湖について共通していえることだと思っています。

　記録に残したこれらのことが、今後の滋賀県の内湖再生に役に立つことを願って、このブックレットの終わりとします。

* 60 倉田亮（1983）内湖―その生態学的機能―，滋賀県琵琶湖研究所所報，（2），46-54.
* 61 滋賀県土木部河港課（1996）琵琶湖周辺湖保全対策基本計画，pp.9-10.
* 62 松尾さかえ，井手慎司（2006）小中の湖の干拓前の状況と機能，維持管理手法に関する調査研究―弁天内湖を中心として―，環境システム研究論文集，34，75-82.
* 63 松尾さかえ，井手慎司（2007）伊庭内湖を中心とする小中の湖の干拓前の状況と機能，維持管理手法に関する調査研究，環境システム研究論文集，35，401-408.
* 64 松尾さかえ（2006）「弁天内湖を中心とした小中の湖（しょうなかのこ）に関する調査研究」―ヒアリング調査を中心として―，滋賀県立大学環境科学部環境計画学科卒業研究報告書.
* 65 松尾さかえ（2008）内湖の機能再生をめざした歴史環境・地理学的研究―小中の湖を事例として―，滋賀県立大学大学院環境科学研究科環境計画学専攻研究論文.
* 66 西野麻知子，浜端悦治（2005）内湖からのメッセージ 琵琶湖周辺の湿地再生と生物多様性保全，p.214，サンライズ出版.

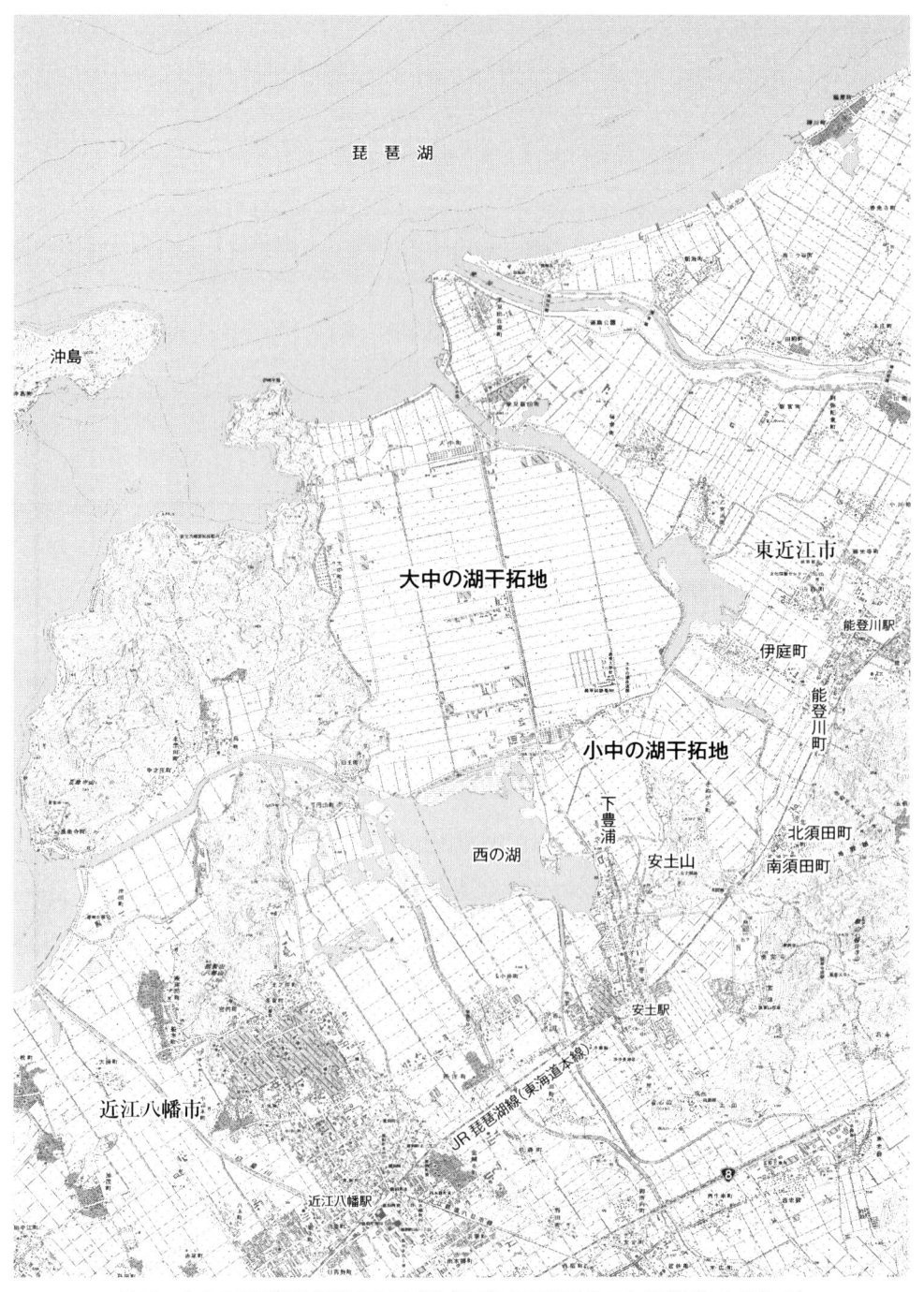

図12 小中の湖干拓地周辺の地図（平成14年2万5000分の1地形図により作成）

■著者略歴

松尾さかえ（まつお さかえ）

1984年大阪府生まれ。滋賀県育ち。滋賀県立守山北高等学校出身。2006年、滋賀県立大学環境科学部環境計画学科環境社会計画専攻卒業。08年、同大学大学院環境科学研究科環境計画学専攻博士前期課程修了。大学4回生のときから3年間をかけて干拓前の「小中の湖」が果たしていた機能について調査、その結果を卒業論文と修士論文にまとめるとともに、2編の査読付き論文として学会でも発表。

井手慎司（いで しんじ）

滋賀県立大学環境科学部環境政策・計画学科教授。1958年愛媛県生まれ。88年、米国ライス大学博士課程修了。87年から㈱明電舎総合研究所基礎第二部主任、91年から94年まで㈶国際湖沼環境委員会プログラム調整官を経たのち、95年から2006年まで滋賀県立大学助教授を務め、07年より現職。同時にNPO法人子どもと川とまちのフォーラムの理事長を務める。専門分野は「水環境管理」。

滋賀県立大学 環境ブックレット6

昔ここは内湖やったんよ
記憶に残る小中の湖と人々の営み

2012年2月29日　第1版第1刷発行

著者……………松尾さかえ・井手慎司

企画……………滋賀県立大学環境フィールドワーク研究会
　　　　　　　〒522-8533滋賀県彦根市八坂町2500
　　　　　　　tel 0749-28-8301　fax 0749-28-8477

発行……………サンライズ出版
　　　　　　　〒522-0004滋賀県彦根市鳥居本町655-1
　　　　　　　tel 0749-22-0627　fax 0749-23-7720

印刷・製本……サンライズ出版

Ⓒ Sakae Matsuo, Shinji Ide　Printed in Japan
ISBN978-4-88325-471-2
定価は裏表紙に表示してあります

刊行に寄せて

　滋賀県立大学環境科学部では、1995年の開学以来、環境教育や環境研究におけるフィールドワーク(FW)の重要性に注目し、これを積極的にカリキュラムに取り入れてきました。FWでは、自然環境として特性をもった場所や地域の人々の暮らしの場、あるいは環境問題の発生している現場など野外のさまざまな場所にでかけています。その現場では、五感をとおして対象の性格を把握しつつ、資料を収集したり、関係者から直接話を伺うといった行為を通じて実践のなかで知を鍛えてきました。

　私たちが環境FWという形で進めてきた教育や研究の特色は、県内外の高校や大学などの教育関係者だけでなく、行政やNPO、市民各層にも知られるようになってきました。それとともに、こうした成果を形あるものにして、さらに広い人々が活用できるようにしてほしいという希望が寄せられています。そこで、これまで私たちが教育や研究で用いてきた素材をまとめ、ブックレットの形で刊行することによってこうした期待に応えたいと考えました。

　このブックレットでは、FWを実施していく方法や実施過程で必要となる参考資料を刊行するほか、FWでとりあげたテーマをより掘り下げて紹介したり、FWを通して得た新たな資料や知見をまとめて公表していきます。学生と教員は、FWで県内各地へでかけ、そこで新たな地域の姿を発見するという経験をしてきましたが、その経験で得た感動や知見をより広い方々と共有していきたいと考えています。さらに、環境をめぐるホットな話題や教育・研究を通して考えてきたことなどを、ブックレットという形で刊行していきます。

　環境FWは、教員が一方的に学生に知識を伝達するという方式ではなく、現場での経験を共有しつつ、対話を通して相互に学ぶというところに特色があります。このブックレットも、こうしたFWの特徴を引き継ぎ、読者との双方向での対話を重視していく方針です。読者の皆さんの反応や意見に耳を傾け、それを反芻することを通して、新たな形でブックレットに反映していきたいと考えています。

2009年9月

滋賀県立大学環境フィールドワーク研究会